dolphin
ドルフィン
ブックス

魚はなぜ群れで泳ぐか

Arimoto Takafumi
有元貴文

大修館書店

目次

魚はなぜ群れで泳ぐか

I

魚はどうして群れを作るのか

〈1〉魚の群れを見たことがありますか

自然の少なくなった都会では魚の群れを見る機会も少なくなってきている。しかし、公園の池にはコイやキンギョが群れをなして泳いでいるし、ちょっと郊外に出て小川をのぞきこめば、川魚の群れの敏捷な泳ぎを目にすることができる。また、水族館へ行けば色あざやかなサンゴ礁の熱帯魚から、図1のようなアジの群れ、そして大型水槽のカツオやマグロの群れまでさまざまな種類の魚が泳ぐ様子を楽しめる。

このような魚の群れの動きには見ていて飽きないものがある。小さな群れから大きな群れまで、観察場所や魚種によって様子が異なり、あるときは群れ全体がきれいに並んでまとまって行動しているように見えるが、人影に気づいたり物音に驚くと、その瞬間に散らばったり、あるいは逆に小さくまとまってみせたりする。このような一見とらえどころのない魚の群れ行動には何か規則性があるのだろうか。それともただ偶然にたくさんの個体が同じ動きをしているに過ぎないのだろうか。その秘密に挑戦するために、魚はどうして群れを作るのかを考えてみよう。

図１　水族館のアジの群れ

●動物行動の4つの「どうして」

動物の動きを不思議に思い、「どうしてだろう」と考えるとき、その「どうして」には４つの意味が含まれている。これはそのまま動物の行動を考える４つのアプローチになる。それでは、「魚はどうして群れを作るのか」という疑問に対して4通りの答えがどのように説明されるかを考えてみよう。

まず第一の「どうして」はその行動の意味や役割を問うもので、「なぜ群れを作るのか（why）」、という疑問である。もちろん、「なぜ山に登るのか?」「そこに山があるから」といった問答では科学にならない。ここでの「なぜ」は、動物がある行動をすることで、その種や個体にとってどのようなメリットがあるかを考えることであり、動物行動学の言葉を使えば、生態的意義や適応的意義を明らかにすることが目的となる。

2つ目の「どうして」は、「どのようにして群れを作るのか（how）」を問いかけるもので、群れ形成のしくみを考える立場である。たとえばお互いがぶつからないようにしながら大勢で同じ方向に進むしくみを実験的に調べることになる。この問いかけは「なぜ」に比べるともっと具体的であり、群れ行動をしている魚の水槽を暗くしたり、個体数を多くするとどうなるのかといった実験をすることで、そのしくみが明らかになってくる。

3つ目の「どうして」は、その種がどのような進化の過程で群れ行動をもつようになったかを考えることである。これは1番目の「なぜ」という問題にも関係するもので、現在の行動様式がその種の生活の中で意味があり、環境に適応した結果であることが前提となり、生態的意義、適応的意義を大昔からの歴史の流れの中で証明する必要がある。一般に進化の過程については、見た目であれば化石となった祖先との形態変化から説明される。しかし、行動の進化については化石から明らかにできる可能性は少ない。そこで、近い仲間どうしの種類の間で行動様式がどのように違っているかを調べ、それぞれがどのような適応的意義を果たしているかを比較し、解釈していくことになる。

最後の４つ目の「どうして」は、群れを作るという行動が個体の成長過程の中でどのように発達するかを考える問いかけである。つまり、生まれたばかりの魚が、成魚になるまでの成長過程のどの時点で群れ行動を始めるのかを実験的に観察することになる。

これらの４つの「どうして」は、動物の行動を研究する上でそれぞれ重要な考え方であり、不思議を解き明かすための地味ながら楽しい道のりとなる。ただし、４つを混同してしまうと設問と回答のかみ合わないおかしな議論となってしまうし、特に１番目の「なぜ」を問う場合には、道を誤ると、たとえば「魚はなぜエサを食べるのか」「魚が空腹だったから」といった意味のない回答を出すことにもなる。仮説提示とその立証という科学的アプローチこそが重要であり、「なぜ」を考えるための議論の展開を閉ざしてしまう方向には気をつけなければいけない。また、いわゆる「魚」というアプローチのままでは一般論の中から抜け出せない。魚種の違いや成長段階、そして生活している場の環境という条件で当然に行動が変化することも考えておかなければならない。

ここでは、群れを作って生活することにどのような意義があるのかを明らかにするために、これまでに考えられた「魚はなぜ群れを作るのか」についての仮説をいくつか紹介し、説明してみよう。

〈2〉魚はなぜ群れを作るのか

◎保身のための効果

自然界は食うか食われるかの厳しい生存競争の世界である。弱肉強食の言葉のとおり、弱いものは強いもののエサとなる。さて、大きな魚のエサとなる小魚にとって、どうやって自分と仲間の身を守るかは生き残りをかけた大事な問題である。そこで、小魚が集まって大きな群れを作り、図2のように群れ全体として大きな生物に見せかけて捕食者の攻撃を避けるという説明がある。これは幻影効果と呼ばれ、水槽の中で捕食者が小魚の群れを警戒して、しばらく攻撃をためらうような様子を実際に目にすることがあり、自然の中でも同じような現象が起きている可能性は高い。

しかし、この行動も、小魚が幻影効果を期待して各個体が群れに参加している、なるほど小魚は賢く、仲間思いだと考えるのは正しくない。逆に、弱い小魚としては自己中心的に生きているに過ぎない。つまり、各個体が危険の少ない群れの内側、仲間の後ろ側に入りこもうとすることで、ぎゅっと集まった群れが瞬時に形成され、結果として敵に幻影効果を与えられると考えるのが妥当だろう。

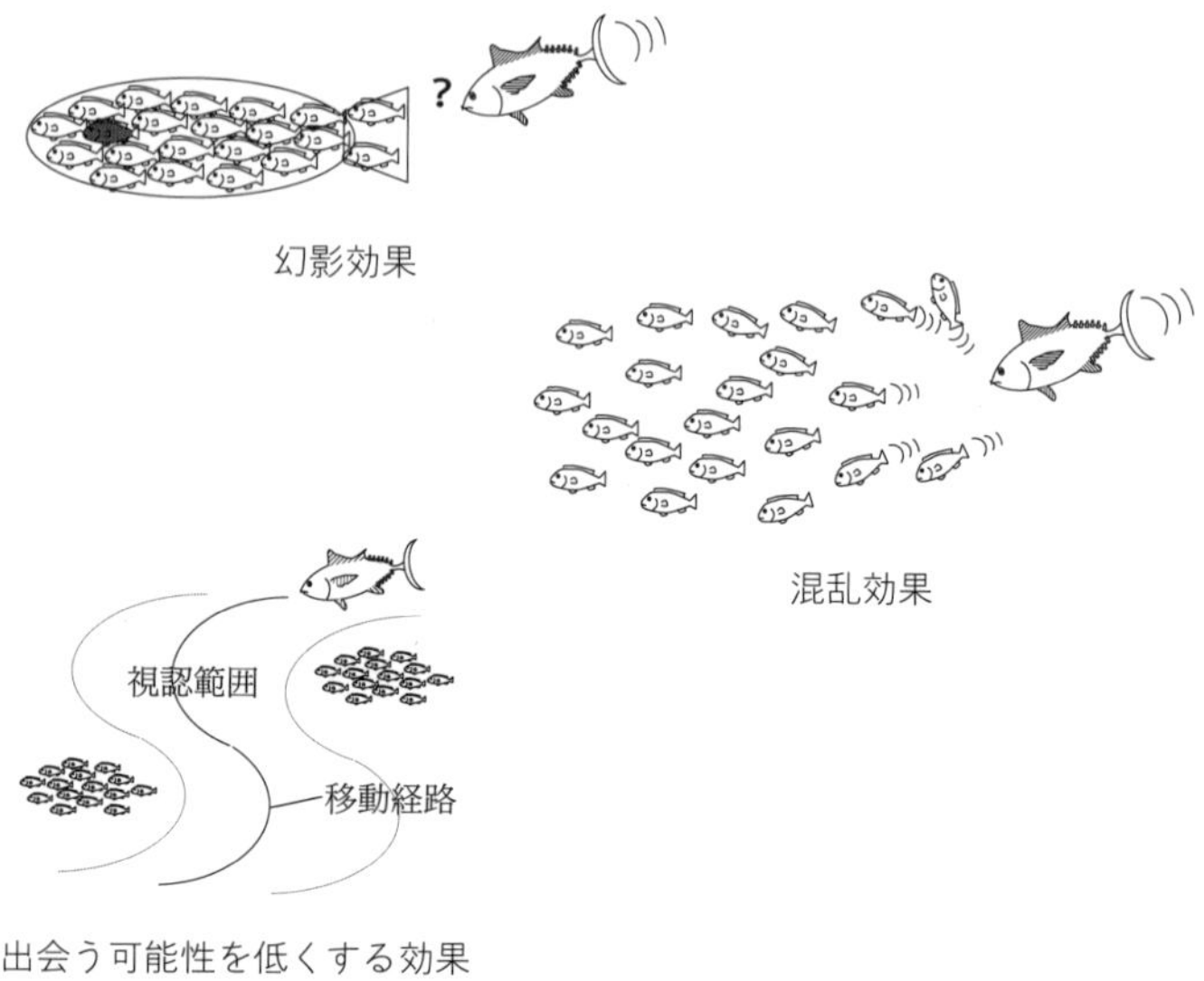

図2　保身のための群れの効果

このような水槽の中での小魚の群れと捕食者の行動を見ていると、敵の存在に気づいた段階で群れがコンパクトにまとまり、まずは幻影効果がおきるのかもしれない。しかし、保身効果が最も発揮されるのは敵に襲われた瞬間である。幻影効果にひるまなかった捕食者が群れを襲ったとたんに、小魚たちは爆発したようにちりぢりになり、捕食者は四方八方に逃げまどう個体を追って攻撃目標をしぼりこめず、右往左往させられる。これを混乱効果と呼び、まさに二兎を追うものは一兎を得ずの言葉どおり、最も危険な瞬間を回避して、多くの個体が逃げ延びることに成功する。

また、一つの群れにまとまっていることで、捕食者と出会う可能性を低くする効果もあるといわれる。たとえば、捕食者がエサとなる小魚を探して泳ぐときに、小魚の1尾ずつが捕食者の動く範囲内で広く全体に散らばっており、探索のコース上でその何尾かを見つけることができたとしよう。しかし、小魚が一つにまとまっていれば、さっきと同じコースを取って探索しても、その群れにあたる確率は低くなる。もちろん、群れの大きさによってはかえって目立ちやすくなる場合もあるし、水域の広さや探索コースの引き方にもよるので妥当性を実際に確認するのは難しいが、広い海のなかであれば見つかりにくさという効果は大きくなるだろう。

◎情報量増大の効果

多数の個体が集まって行動することは、エサを発見したり、危険を回避するといった面での情報収集能力を高めることにもなる。サケが海を大回遊したあとに、自分の生まれた川へ産卵のために戻ることはよく知られている。このしくみとして、広い海での回遊には太陽や地磁気をコンパスとした方向判断が必要であり、次に沿岸に戻ってきた段階では生まれ育った川の水のにおいを探すといった方法で、さまざまな情報を収集しながら迷子にならないようにする必要がある。そのために、群れになってたくさんの目や鼻といったセンサーを働かせ、大切な情報を多くのセンサーで確実に受けとめて、探索チャンスを増やす効果があるといわれている。

また、鳥類や哺乳類といった他の動物にも言われることだが、群れとしての社会的な集団が、各構成員に学習の機会を与えているという説明もある。これは、ある個体が経験によって身につけた行動について、群れの他の個体がそれをまねて行動し始めるもので、これまで見たことのないエサを初めて食べるときや、釣り針や網を避けるときに、以前の経験から学んだ個体が先生役を務めるという考えである。同時に、仲間が敵に襲われたり、漁具によって捕獲され、いなくなってしまったという過去の場面が経験となり、自分がそうならないように身を守る術として、危険回避を学習するという説明もある。

個々の個体の生き残りという問題とは離れるが、産卵のときに多数個体が集まる魚も多い。この適応的意義として、遺伝情報の多様性を確保できるという面があり、産卵時だけ決まった場所に大群をなす魚種も多い。

◎水力学的効果

群れの中で、後方にいる個体は前方個体の作る流れにのって、より少ない運動量で楽についていけるという説明がある。一尾で泳ぐよりも群れを構成することで遊泳のためのエネルギーを節約できることになる。マラソンの選手が、先頭を走るよりも他の人の後方に回って風当たりを避け、疲れないようにしていると聞くけれども、それよりも魚は積極的で、モーターレースや自転車競技の例のように前方を進むものが作る流れにのって楽ができる効果を考えている。もちろん、前方個体にとってはなんのメリットもないので、疲れると後ろに回って楽をする。この繰り返しが、魚の群れの中で各個体が常に互いの位置を替えることにもつながっているのかもしれない。

ところが、この水力学的効果に対して、別の観点からの反論もある。たとえば数万尾といったイワシの群れで考えると、群れの各個体が前方に進みながら水中の酸素を消費している。結果として、群れの最後尾にいる個体にとっては酸素が十分ではない水の中を泳ぐことになり、苦しい思いをするだろうというのである。そうなると、最も快適に泳いでいるのは新鮮な水にあたる先頭の魚で、後にいる個体は酸素を求めて前へ前へ出ようとしていることになる。さて、イワシはどんな思いで群れの中を泳いでいるのだろうか。後につくのか、前に出るのか、広い海の中で実際に何が起きているかは分からないことが多い。

◎生理学的効果

魚を水槽で飼ってみるとすぐに気がつくことだが、水槽の中を1尾でゆうゆうと泳がせてやるよりも、群れで飼育したほうがエサの食いがはるかによい。群れを作る魚の場合であれば、1尾でいることが異常であり、ストレスを感じてエサを受けつけず、新しい水槽に移しても環境に慣れるまでに時間がかかることもしばしば観察される。魚に限らず、われわれでも1人で食事するよりも、仲間との会話を楽しみながらのほうが食も進む。このような群れの効果はいろいろな状況で発揮される。

1尾で水槽に入れられた場合と、数尾の群れとで酸素消費量を比較すると、群れでいる方が一尾当たりの酸素消費量が少ないという結果が得られる。人間と同じで、酸素を多く必要とするのは激しい活動をしたときや、驚いてパクパクしている状況であり、群れでいるときは落ち着きがあり、少ない酸素しか使わなくてすむということが言える。群れでいることの快適感というプラス効果か、それとも1尾で隔離されたことによるストレスとしてのマイナス効果かは分からないが、生理学的な群れの意義としてよく知られている。

逆に、ブルーギルやハゼの仲間、そしてアユを使った実験では、水槽の中の個体数が多くなると酸素消費量が多くなるという結果もある。これらの魚種は群れを作らずに一尾で生活しているので、水槽の中で仲間と一緒にされると落ち着かず、相互に攻撃し合ったりすることで酸素消費量が増大してしまう。

毒物に対する抵抗力といった面でも、群れの効果を検討した例があり、多数個体が集まっている方が有利であるとの実験結果も報告されている。たとえば塩化水銀という有害物質を含んだ水でキンギョを飼った実験では、群れでいたほうが生きられる時間が長くなるという報告がある。この理由について、群れを入れた水槽では塩化水銀の濃度が顕著に減少したことから、体表から分泌される粘液によって毒性を中和する効果があるのではないか、または粘液によって有害物質が凝集され沈殿してしまうことで、水中の有害物質の濃度が低くなるためと説明された。また、もうひとつの説明として、群れでいることで酸素消費量が少なくなるという効果に戻るが、呼吸数が少なくなるためにエラからの有害物質の吸収が少なくなり、生存時間が長くなったのではないかとも考えられている。しかし、こういった実験では水槽の大きさや水の量を一定にして個体と群れの比較をするか、それとも個体数に応じて水量を変えて生息密度を一定として実験するかで結果も違ってしまうことに注意が必要である。

●「なぜ」のあとに来る疑問

群れを作ることによる利点ばかりを述べてきたが、必ずしもすべての魚が群れを作るわけではない。いつもは単独生活をしており、偶然仲間に出会った場合にだけしばらく行動をともにしてまた別れるといった例もあれば、産卵時だけ大群をなす例などもある。また、卵から生まれて死ぬまで同じ群れで生活する多くの回遊魚でも、いくつかの群れに途中で分かれたり、他の群れと合流しながら回遊を続けている。

動物行動の4つの「どうして」について、「なぜ」という問いかけが最も難しく、そして興味深い内容を含んでいることを説明してきたが、これは設問のしかたと回答の内容によってはただの問答に終わってしまうし、かといって、「なぜ群れを作るのか?」「そこに仲間がいるから」というやりとりは決してまちがいではない。しかし、それでは仲間をどのように認識しているのか、または、どれだけ離れると仲間としての効果がなくなるのか、といった問いかけ直しをすると、答えはぐっと科学的になり、「どのようにして」の設問に移る対応も必要になってくる。

魚の群れ行動にどのような意義があるかを考えてきたが、いろいろな仮説のどれかひとつをあらゆる群れに共通する正解として選び出すのは困難である。ある種は敵に食べられないように群れを作り、その一方で別の種はエサとなる小魚を見つけやすいように、攻撃しやすいように群れを作る。言いかえれば、ある種にとって、ある状況でのいろいろな様式の群れがあり、それぞれについて状況に対応した適応的な意義が認められ、説明があって当然である。群れの数だけ「なぜ」の疑問と答えが用意されるというのは大げさだが、ひとことで言えるような答えを見つけだすにはまだまだ時間がかかりそうである。

〈3〉魚はどのように群れを作るのか

●魚の群れの形式

魚群と書いて「なむら」または「なぶら」と読む。古くからの漁業者の言葉で、カツオ一本釣り漁船での生活を描いた映画のタイトルにも使われたので、ご存じの方も多いかもしれない。カツオの場合は一つの群れで数十トンという規模も珍しくはない。このような漁業対象となる回遊魚の大きな群れと、川や水槽の中に見る小魚の群れとは同じものと考えてもよいのだろうか。また、魚が群れを作るしくみはいったいどうなっているのだろうか。

群れを作る動物の例は多い。サルやオオカミ、鳥や昆虫、そして魚の多くが群れで生活し、エサを取り、敵から逃がれる上での適応性を発揮している。魚の群れの場合は「同種の個体どうしが相互に誘引し合うことで構成された集団」と定義され、集まり方によって図3のように3つの分類ができる。

水槽の中の魚を驚かすと隅に集まって団子状になってしまうことがある。これは「魚団」と呼ばれ、お互いが身を寄せ合うような集まり方である。また、なんとなく集まっているという状態を「群がり」といい、ゆるやかなま

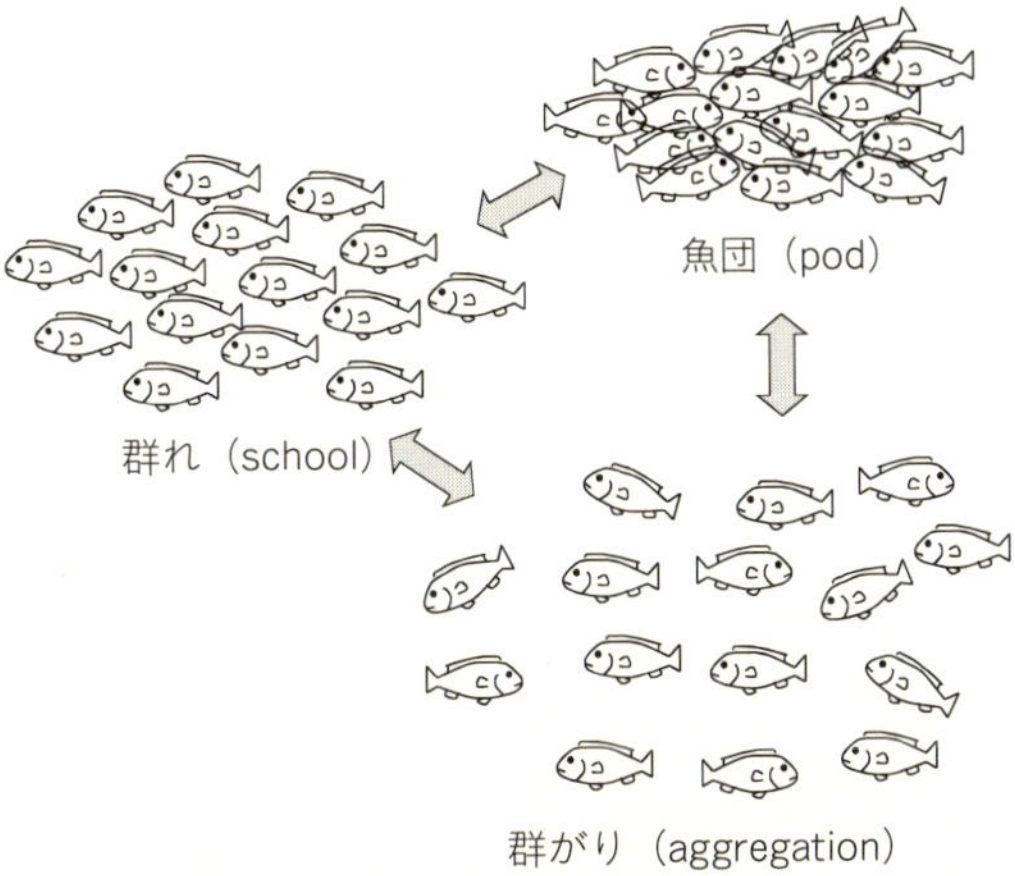

図3　魚群の3つの様式

とまりで各個体の向きもばらばらでかまわない。これに対して整然とした統一性のあるものを「群れ」と呼び、全体が一つの方向に移動しているときに見られる規則性のあるまとまりのことである。英語ではschoolといい、メダカの学校とはメダカの群れのことであったのかと納得してしまう。このような魚の集まり方の違いの中で、たくさんの個体がきれいに一緒に動く「群れ」のしくみについて考えることにする。

魚の群れとそのしくみ

「魚はどのように群れを作るのか?」という疑問は、群れの適応的意義や構造、群れ作りの機構といった生物学的な分野に始まり、群れを対象とする漁業技術への応用まで幅広い内容をカバーすることになる。特に群れの構造と群れ作りの機構についてはアメリカ、イギリスそして旧ソ連で活発に研究が進められていた。

1970年代始めの定説としては、魚の「群れ」行動をかなり厳密に理解しようという雰囲気が強く、同じ大きさの個体が同じ方向に、同じ速度で移動する状態と定義されていた。

私の研究室でも、これを実証するためにステレオカメラや8ミリカメラを使って群れの中での各個体の位置関係や1尾ずつの姿勢を測定する実験が進められていた。しかし、実際にはそのような数学的に統一のとれた均質構造を常に維持するわけではなく、その後のビデオカメラやコンピュータによる画像解析技術の発達により、ゆるやかなまとまりの中で方向性のある移動状態が群れの本質であり、互いに位置関係を変えながらも、構造としては数学的な平均値が維持されているといったファジーな説明に移っていく。

それでは実際にどのように群れが作られ、維持されているのだろうか。この機構については2段階構造で説明される。低次のしくみは移動する目標に追従しようとするもので、それぞれの個体が隣を進む個体の動きに反応する。これは視覚運動反応と呼ばれる反射的なしくみによっており、実験としては丸い水槽の回りに白黒の縞模様を回転させると、その方向に追従遊泳をし始めることで確認できる。しかしこれだけでは整然とした群れを作るには

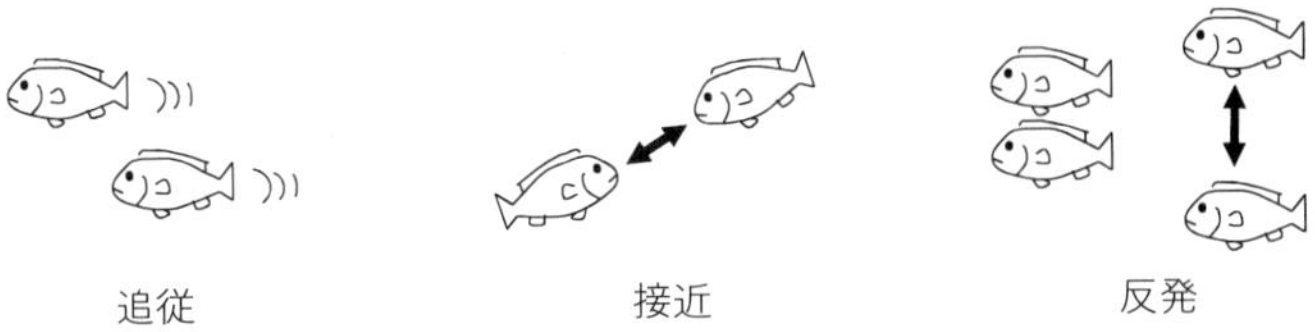

図4　群れのしくみ

不充分であり、より高次のしくみとしての相互誘引性による接近が必要となる。お互いが同じ種類であることを認識することはかなり高度な能力であり、視覚によって相手を認めた上で接近し合うという、他の動物の群れにも必要不可欠な機能である。この相互誘引性が群れ行動の第1段階であり、集まるだけであれば「群がり」にしかならない状況が、第2段階の反射的な追従反応が起こることで整然とした「群れ」行動が完成されることになる。高次の相互誘引性がはじめにあり、これに低次の追従反応が加わって群れが成立するという逆の構造性に自然の摂理を感じるというのは言い過ぎであろうか。

また一方、からだの側面に並ぶ側線の感覚によって、群れの中で互いに近づきすぎて衝突しないように反発し合う機能も別に用意されており、移動する際の個体間の距離が保たれている。このお互いに離れ合う距離は魚種によって異なり、また昼と夜での明るさの違いや、そのときの移動速度によっても変化する。水槽の中の魚が驚いたときや、そして敵に襲われた小魚が「魚団」を形成するのは、逃げ場のない状況で外部からの強い威嚇刺激を受けたときに、側線感覚による反発距離が無効になって互いに身を寄せ合った結果なのである。

ついて並んで進む群れ

群れ行動の説明で、反射的な追従反応を起こすために視覚運動反応が機能していることを紹介した。ものを見るためには網膜にある視細胞が働いている。この網膜上で目標が同じ位置にあるようにするしくみが視覚運動反応であり、魚類だけでなく、昆虫や甲殻類をはじめ視覚のすぐれた動物に広くみられる。私たち人間にも網膜上の目標という意味では同じような反応がある。乗っている電車が駅に停まっているとき、隣りの電車が動いた瞬間に自分が逆向きに動いたような錯覚を起こす。ぼんやりしているときに特に「アラッ」という感じになるが、これが網膜上の目標が移動するという感覚である。私たちの場合はすぐに意識の中で「自分が動いたのではない、回りが動いたのだ」と認識しなおし、目標について動いたりすることはない。しかし、魚の場合では、移動する目標に対しては追従反応を起こし、逆に、魚が流れの中にいる場合は目標となる岩や水草が網膜上で同じ位置にあるようにすることで、結果的に流れに向かって泳ぐことになる。

図5　追従反応を観察する実験

魚の視覚運動反応を観察するためには図5のような円形水路を用いる。水路は幅が10センチ、直径1メートルほどの透明のアクリル製で、その外側を囲むように筒を置き、これに黒白の縞模様を画いた紙を貼る。これを回転させると水路の中の魚は縞模様の回転方向に、同じような速度で泳ぎ始める。これが追従反応である。次に、黒白縞模様の筒は固定して、水路そのものを回転させる。回転によって水路の中には流れができるが、魚は自分から見える縞模様の位置を変えないよう、水路の中で流れに向かって泳ぎ始める。このように黒白の縞模様というはっきりした視覚目標に対しては実験魚の反応もはっきりと現れ、ゲーム感覚で魚の動き方を右へ左へと自由に制御することができる。

そこで、どのような条件で追従反応がよく現れるかを調べるために、実験をしてみた。まずは縞模様の速度を変えてみる。あまりゆっくりとした動きだと、魚はいつも追い抜きかげんで縞模様よりも速く泳ぐか、あるいは途中で寄り道をしてしまい、遅れることになる。逆に速過ぎるとついていけずに遅れがちになる。研究室では川魚のウグイを使ってよく実験を行なったが、10センチの大きさのウグイであれば毎秒30〜50センチ程度の速さで縞模様の速度と同じように泳ぐことが確認され、この大きさのウグイにとって泳ぎやすい速度であることが分かる。

次に縞模様のパターンを変えてみた。図5に示したパターンは1センチ幅の黒縞を10センチ間隔で配置した例である。この黒縞の幅や間隔を変え、また全周に配置するのではなく、黒縞1本だけにしたり、ある一部にだけ縞模様を数本配置して追従反応の違いを比較してみた。その結果、一本だけの黒縞を目標として追従反応を継続するのはとても難しいようで、目標を見失った時点で泳ぐのをやめて、次に目標が回ってくるまで待っていることになる。黒縞が全周に等間隔に配置されているパターンであれば、一本を追い抜いたり、あるいは遅れたときにも、その前後の黒縞を新しい目標として追従遊泳を続けられることが分かった。

このような移動目標をとらえるしくみこそが群れ行動の中での追従反応の原点になっている。実験魚が移動目標と同じ方向に、同じ速度で遊泳すること、また移動目標よりもやや先行したり、後方から追いかけるといった位置関係の変化があるものの、基本的には目標についていくことで位置関係が維持されることになる。これは群れの中のある個体が、まわりにいる仲間を移動目標としてとらえ、それに平行して追従する形で反応し、全体としての群れ行動が成立することの証拠と考えられた。

群れ行動の測り方

魚の群れ行動の構造変化を検討していくと、群れの定義の問題とも関連が出てくる。よくまとまった整然とした群れであっても、敵から攻撃を受けたり、エサを探して動き回っている状態では、その構造はある瞬間で大きく変化する。前述のとおり、群れ行動の研究が始められたばかりの頃には、「同一種のほぼ同体長の個体が、同方向に同速度で互いに同間隔を保って移動しているもの」と厳密な定義がされていたが、その後の研究によってこのような典型的な群れの構造をもって全体を説明することの無理が指摘されるようになり、今では時々刻々変化する群れの様子をどのように把握するかが研究の関心を集めるようになってきた。

群れ行動を測定するといっても、水槽の中で見られるメダカの群れと、広

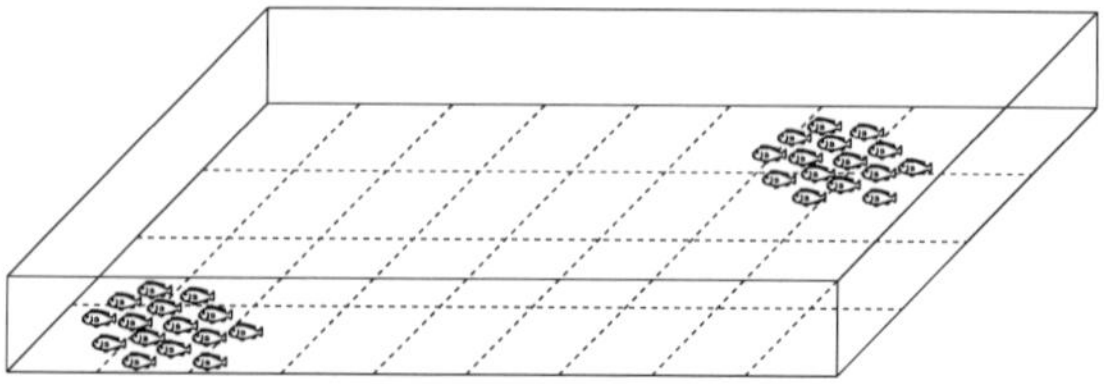

図6　区画地図法

い大海原で漁業の対象となるイワシやサバ、マグロの群れとを同じレベルで比較するのはもちろん難しい。しかし、研究の手始めとしては現象の把握を目的とした単純化も必要であり、実際には水槽の中でしか測定できないような問題も多いことから、群れ行動に関する測定結果の多くは基礎的なレベルにとどまっている。この方法のいくつかを紹介してみよう。

まず、群れの構造は立体的なものであるが、これを浅い水槽で観察し、魚どうしが上下にかさならないように条件を設定する。それでも各瞬間で刻々と変化する群れの構造を目で見て把握するのは至難の業である。そこで、図6のように水槽をいくつかの区画に分割した地図を用意しておき、どの区画に、どのように広がっているかを時間をおって記録するといった方法が初期の段階では行なわれていた。研究を進める上ではこのような方法にたよっているわけにはいかず、どうしても静止画像で群れの構造を精密に測定することが必要になってくる。浅い水槽の上から写真をとって平面的にとらえ、次の段階ではそれを8ミリカメラやシネカメラで連続的に記録できるようになり、現在はビデオで長時間の記録を残し、その画像をコマ送りで解析するという段階に達した。

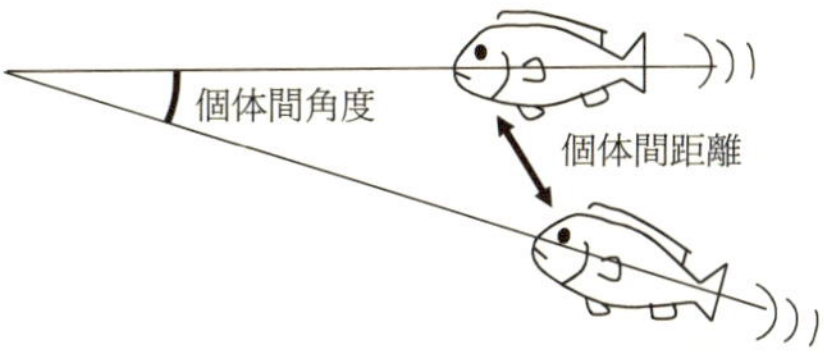

図７　群れのまとまりの測り方

ここまでくると、立体的な群れ構造の検討も試み始められる。２台のカメラで水槽の上方向と横方向から同時に撮影すれば、構造の３次元的な把握が可能となる。しかし、この方式では水槽の条件で観察が限定されることから、いろいろな工夫が試みられた。たとえば、水槽の上に鏡を斜めに設置して２方向からの画像を一画面に収めたり、上から光をあてて水底に映った魚体の影と実体の位置関係をもとに三次元座標上に各個体の位置を決定したりする。また、ステレオカメラという方法では、２台のカメラを並べて撮影し、それぞれの画面での位置の違いから三次元座標をもとめる方法もあり、これを水中に持ちこんで自然の中での群れ構造を立体的に測定することもできるようになってきた。

群れのまとまりを測るには

魚の群れについて、よくまとまっているかどうかを定量的に示すために指標となる測定方法が考え出されている。図７に示した個体間距離と角度の２つの指標は、群れを構成する各個体の間での相互誘引性と平行統一性を検討するために使われる。まず相互誘引性については、個体間の距離が指標となる。ある1尾が他の個体とどれだけの間隔をあけて位置しているかをある瞬間について求め、同じことを全個体について計算してその瞬間の群れの状態を知ることができる。個体間の間隔を測定するときには、口の先端や眼の位置を使ったり、魚体のどこでもよいから最も近くにある部分の位置で代表させるなど、いろいろな方法がある。こうして群れの中の全個体について求めた距離の平均値、最も近くにいる個体との距離、そして1番目と2番目に近い個体との距離の比率といったいくつかの指標を得ることができる。

次に、平行統一性については、互いにどのような位置にいるかを角度で測定する。この場合は魚体の先端と尾を結んだ体軸が隣りの個体と平行な位置にあって同方向を向いていれば0度、逆方向であれば180度として、最も近くにいる個体の方向との角度、群れ全体の移動方向との角度、さらに前方個体を追従するときにどのような位置についているかを検討する。

このような指標を計算するために静止画像が必要なのはもちろんであり、各1枚の画面について群れの個体数に比例して測定量は多くなる。かつては焼きつけた写真をもとにノギスと分度器で1枚ずつ、1個体ずつ測定を行なう面倒な手作業をしていたが、現在ではビデオ画像をコンピュータにとりこみ、各個体の位置を読みとって解析する方法があたりまえになってきた。

◎魚の群れの構造

群れ行動についての研究は、ある意味では群れ構造を測定するための方法論の開発であったのかもしれない。小さな水槽でメダカを使った実験から始まった群れ行動の研究について、それまでの集大成ともいえる有名な実験がある。１９８０年代初頭にイギリスのアバディーン海洋研究所で、直径10メートルの大型円形水路を使ってタラやニシン、サバの群れ行動を観察し、解析したもので、それまでの基礎的な研究の実験方法と内容を塗りかえたものである。実験装置はかなり大がかりなもので、水路の上を移動する架台に設置したスライドプロジェクターで水路底面に縞模様を映し出す。この縞模様の移動に追従する群れの動きを長時間記録し、群れの構造を解析したのである。

群れ行動についての従来の説明では規則性のある安定した構造であることが強調されていたわけだが、これは総体としてそうなっているのであって、この大型水槽での実験によってある瞬間ごとの群れの構造はかなりルーズで、常に変化していることが実証された。また、群れの定義にも関係することだが、各個体がそれぞれ近くの個体との最適距離と向きを維持し、その結果として組織された集合体が群れであることを説明した。たとえば、個体間の距離は体長にほぼ等しく、最も接近しても体長のおよそ10分の3までであることや、近くの個体が自分の真横にくるように互いに位置することを解析結果から導いている。こういった群れの構造に関する知見は、群れ行動の維持にどのような感覚器官が使われているかという次の問題にも発展する。

この感覚器官の問題は群れ行動の研究が始められたころからの課題で、視覚と側線感覚が関与していることは早くから指摘されていた。すなわち、視覚的に相互の存在を認識して接近し、近づきすぎると側線感覚によって反発し、両者の調整によって個体間の距離が保たれることが推定されていた。アバディーンでの研究結果もこれを裏付けるものであった。さらに、視覚情報が側線情報よりも優先的に機能することも分かった。

◎魚の群れにリーダーはいるのか

池で泳ぐコイの群れを眺め、その動きを追っていると、目的のあるような、ないような、ゆったりとした動きがいつまでも続けられている。この群れの中に小石を一つ落としてみよう。石の落ちた近くの個体はその刺激に反応して、小石から遠ざかる。この動きに対応して、隣の個体も相手との距離を保つように位置を整える。これが波のように瞬間的に群れの中を広がり、結果としては石の落ちたことに気づいていない遠くの個体も反応し始める。こうして動き始めた個体の動きに追従することで、群れ全体が新しい動きを始める。群れを作ることで危険やエサの存在といった情報をより広範囲に、群れを構成する個体の数だけ取得し、反応できるわけであり、生き残るためのしくみとして他の動物の群れと同じ適応的意義が認められる。

それでは、このような魚の群れには全体の動きを引っ張っていくようなリーダーはいるのだろうか。この疑問は、群れ行動の本質にもかかわる問題であり、それこそ長い間、水槽や池の中の魚の群れについて、そして実際の漁業の場面でいろいろに問いかけられてきたものであった。

結論として、魚の群れにはリーダーはいないという考えが主流である。それは、群れを構成する各個体が常にお互いの位置を変化させていて、先頭をいく魚が固定されていないという群れ構造の基本が証拠となっている。なんとなく池の中を泳いでいる状態では、先頭を進む個体にとってはついていく目標がないために動きが不安定となり、後からついてきた個体が追いつき、追い抜くかたちで常に先頭魚が交替するのが普通のあり方である。

池の中で少し大きめのコイが先頭を進み、それに他のコイがついていくような場面をしばしば目にする。しかし、このような状態というのは、狭い場所の中に大小さまざまな大きさの仲間が無理に一緒にさせられている状態でだけ見られる現象であり、群れの行動を代表する事例として考えるのは適当でない。広い海の中、そして川の中であれば、大きさの違う個体は遊泳能力やエサをとる能力の違いから別の群れを作るのが自然であり、群れの定義である「同じような大きさの個体が集まっている」という条件が大切な意味をもっている。

指導者のいない魚の群れにおいて、その動きを決定しているものは何なのだろう。それはお互いが同じ能力の中で対等の立場にあるという民主的な決定のしくみによっている。エサを探して動いている状況を考えると、エサの存在に気がついて向かい始める個体の動きによって、それに付き従う形で周囲の個体も動き始め、それが群れ全体の動きになっていく。このときに、別の方向のエサに向かうものがあれば、どちらの動きが強いかで後方の個体の行動が定まり、ある意味では多数決によって群れ全体の動きが決定される。先頭を行く集団が後方からの追従がない場合に主群に戻ってくる場合もあるし、別な方向に進もうとする2つの先頭集団の動きによっては、群れが2つに分かれていくこともある。

後方にいる個体にとっては先頭の個体の確固たる動きが重要であり、これについてはおもしろい実験がある。ウグイの群れから1尾を取り出して、その脳の一部を傷つける。この個体は泳いだり、エサを探す行動については正常でありながら、実は群れ行動をとるときの他の仲間との協調性に欠けるという特性がある。しかし後方からの仲間の存在など気にせずに、勝手気ままに泳ぐことで、この個体がリーダーになって群れ全体が動き始めるという実験の結果である。コンラート・ローレンツが『攻撃――悪の自然誌』という本の中で紹介しているものだが、「手術を受けた魚は、まさにその欠陥によって、まぎれもない総統になったのである。」という文章によって、本来は民主的な集まりであっても、むちゃな指導者の存在に引っ張られてしまう人間集団の怖さを説いている。私たち人間が、魚の群れから学ぶこともあるのかもしれない。

◎これからの群れ行動の研究

あらゆる科学の分野で共通して言えることだが、研究を開始した初期の段階では遅々として進まなかったものが、ある時点から加速がついたように成果が花開きはじめ、さらにこの応用としての研究内容の分化が進み始めることがある。こういった傾向は計測技術や解析手法を始めとする周辺の科学技術の発達に負うところも多いが、同時に研究方向の集中化によって多くの研究者がさまざまな分野から参入して、外堀を埋め、山を築く努力の成果でもある。

魚の群れ行動についての研究は20世紀になってから始まった科学であり、基礎的な実験結果の蓄積から、そろそろ次の段階に移ろうとしている。「魚はどうして群れを作るのか」という生物学的な疑問に始まり、水槽の中で調べられてきた内容は、次には広い海の中での群れを対象として、そこにどれだけの魚がいるのか、そしてそれをどのように漁獲しようかという産業への応用も考えられてきている。

船から超音波を出して、その戻ってくるエコーで魚を見つけるための魚群探知機が開発されてから半世紀になる。魚の大きさや群れのまとまり方によって戻ってくるエコーの特性が違ってくる。これを使って、ある海域にいるイワシやスケトウダラといった資源の量を調べる方法があり、この精度を高めるための研究が進められている。このための基礎資料として、魚の群れがどのような構造のときに、超音波がどのようなエコーとして反射されるのかを知る必要がある。そこで、海中に設置した網の中に魚を入れ、その群れ行動を水中テレビで観察しながら超音波の反射強度を調べる実験が行なわれている。また、もっと自然状態での群れの構造を調べるために、海の中にステレオカメラを設置しておき、その近くにやってきた群れを記録して立体的な構造を把握し、これを超音波による解析と合わせるような方法も可能である。

こういった研究が進めば、今度は超音波で魚の群れの構造を知り、これをどのように漁獲するかを考えることも可能になるだろう。実験室での結果を自然のフィールドに持ち出し、新しい道具が新しい研究分野を生み出していけば、「魚はどうして群れを作るのか」という最初の疑問に対して、新しい

36

アプローチから新しい答えを探すことも夢ではない。そのときに、魚の群れとそのまわりを見て、「魚はどうして…」の基本に帰る努力を忘れてはならないだろう。

II

魚の感じる世界

〈1〉魚の行動のしくみと感覚

魚は水中に生きている。私たちが大地に立って、空気を吸って生きているのとはまったく違った環境にいるわけで、私たちの常識が通用しない世界と言ってもいいだろう。そんな魚の感じる世界を、動物行動学の立場から、そして感覚の生理学から解き明かしてみよう。そのための方法として、はじめに刺激―反応系という考え方を紹介し、刺激を受ける感覚器官のそれぞれについての機能や特徴を考えてみたい。

●魚の五官と〝第六感〟

動物が行動を起こすとき、それはある刺激に対して動物が反応した結果である。動物の行動をコンピュータになぞらえると、刺激を受けとめるための感覚作用が入力であり、情報処理が脳で行なわれて命令が出され、筋肉を動かして逃げたり、近づいたりという反応が出力となる。これが図1で示した刺激―反応系の考え方である。

刺激としては外部環境からの光や音、においといったものであれば分かりやすいが、身体の中からの痛みや空腹といった情報も行動を起こすための刺

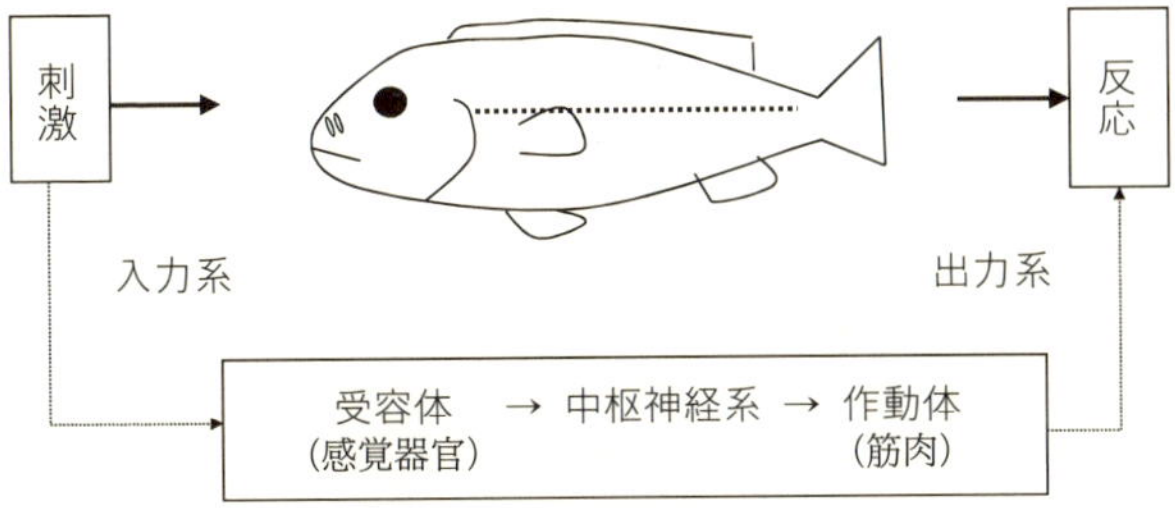

図１　刺激－反応系の入力・出力システム

激となる。私たちであれば、胃の痛みを感じると、それが空腹のためなのか胃酸過多なのかを判断し、これに対応して食事をしたり胃薬を飲んだりという行動をとる。残念なことに、このような空腹感、満腹感、そして痛みやしびれといった身体の中からの情報については、人間に関しても難しいテーマであり、ここでは外部環境からの刺激だけについてとりあげる。出力としての反応についても、刺激を受けて体色を変えるとか、あるいはホルモン分泌のように体内での生理的な反応となる場合も含まれるが、実際に動きをともなう反応の方が分かりやすいし、興味もてることから、話題を外に向けた行動にしぼりこんで話を進めることにしよう。

さて、外部からの情報を刺激として受けとめるのが感覚器官である。人間について視覚、聴覚、嗅覚、味覚、触覚の5つの感覚を五感と呼ぶが、魚にも眼、耳、鼻、口、そして皮膚の5つの器官である五官がそろっている。これにプラスして魚では側線感覚という器官があり、私たちにはない6番目の器官ということにな

表1　魚類の感覚機能と特性

受容体	刺激	感覚	感覚器官
化学受容体	化学物質		
	─におい物質	嗅覚	鼻,鼻粘膜,嗅上皮,嗅細胞
	─味物質	味覚	口・唇・触鬚,味蕾,味細胞
温度受容体	熱・冷	温度感覚	体表,温点
機械受容体	水の振動・乱れ	振動感覚	側線,管器,感覚毛
	音	聴覚	耳,内耳
	圧力	触覚	体表・舌
	回転・平衡	平衡感覚	内耳,三半規管,耳石,感覚毛
光受容体	光・偏光	視覚	眼,網膜,視細胞

るが、未来を予知するような〝第六感〟というわけではなく、身体のまわりにおきる水の動きを感じる役割を果たしている。

このような感覚器官からのアプローチに対して、どのような刺激を受けとめるのかという情報源からのアプローチもある。表1にまとめて示したが、化学物質を刺激として受けとめる化学受容体には嗅覚と味覚の2種類があり、また、熱い・冷たいを感じる温度受容体、水の動きや音といった機械的な刺激を受ける機械受容体、そして光刺激を視覚として受ける光受容体といった分類ができる。このそれぞれを説明しながら、魚の感じる世界に近づいてみよう。

〈2〉においと味の世界

●においと味の違いとは

私たちにとって、においとは空気を鼻で吸って感じるものであり、味とは口の中に取り込んで舌の上で感じるものである。においと味をまちがえることはありえないし、鼻で味わい、口でかぐということもない。水のにおいというときにも、水を鼻で吸いこむのではなく、水から出てきた空気中のにおい物質をかぎとっている。また、くさいにおいがあると、口で呼吸してにおいを吸わないようにする知恵ももっている。それでは水中に生きる魚にとって、においも水の中、味も水の中という状況で、2つは別のものとして使い分けられているのだろうか。

答えはイエスである。魚にもにおいと味をそれぞれ刺激として受けとめる感覚器官があり、におい刺激と味刺激にそれぞれ対応する脳の中枢がある。においがあって味のない物質、逆に味があってにおいのない物質をそれぞれ感じ分ける能力をもっており、味覚と嗅覚が独立した別の感覚となっている。また、陸上の空気中と違って水の中では視界が悪いため、化学物質を刺激としてとらえ、情報として利用する必要性も高くなっている。特に夜行性の魚類にとっては、音とにおいという2つの刺激が遠くからの情報を得るために重要な役割をはたすことになる。

味もにおいも化学物質として、まず食物の存在をかぎ分けること、そしてその確認のために味わってみる際の重要な情報源となる。味覚と嗅覚の機能的な違いとしては、嗅覚は視覚・聴覚とともに遠方からの広範な情報収集に役立ち、それに対して味覚は実際に触れてからのエサの吟味に使われる。嗅覚については、敵の存在や仲間の認識、そしてサケの母川回帰のように産まれた川のにおいを覚えていて、海を回遊してから産まれ故郷へ帰るときに川のにおいを探して戻るときにも使われ、行動を起こすための重要な鍵となっている。

水の中のにおい

私たちにとって、においとは空気ではこばれる化学物質であり、空気中に浮遊しているものを鼻の中に吸いこむ。そのときに鼻粘膜にある感覚細胞（嗅細胞）ににおい物質がくっつき、そこでにおいを感覚として受けとめることになる。私たちはいつも鼻で呼吸をしているが、そのときの空気の動き

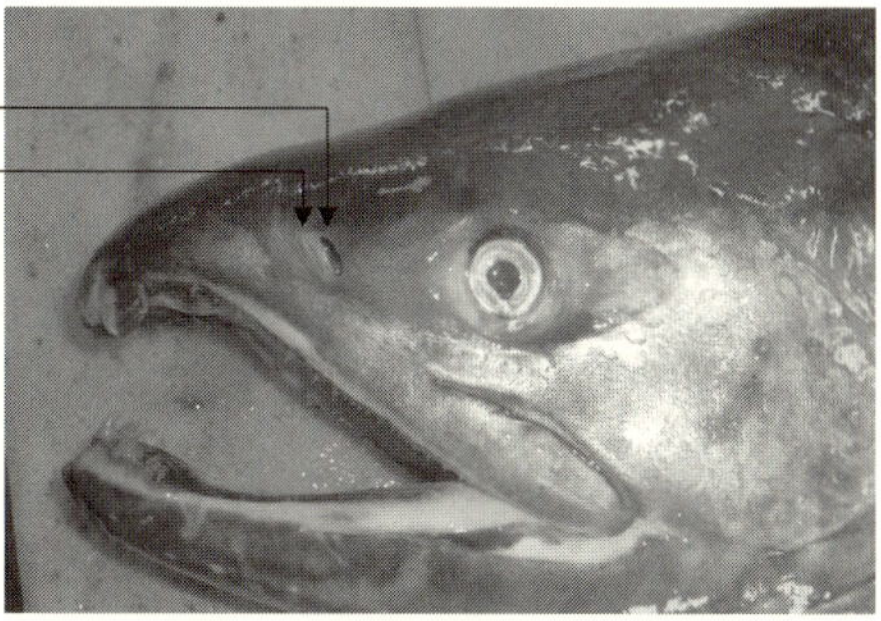

図2　サケの前鼻孔と後鼻孔

で新しいにおい物質がとりこまれ、情報として与えられることになる。粘膜にくっついた段階では水に溶けた状態になるわけで、その意味では水中で水に溶けた状態になっていても問題はない。ただし、私たちは水中ではにおいを感じられない。これは、水を鼻の中に吸いこみ、入れ替えると言う動作ができないことや、鼻粘膜が水に浸かった状態では化学物質の検出がしにくくなるためである。

図2のサケの顔をよく見てもらいたい。多くの魚では、口のすぐ上の左右にそれぞれ一対の穴があいている。これはそれぞれ前鼻孔、後鼻孔と呼ばれ、杯状の形をした鼻腔の入り口、出口としてつながっている。魚が泳ぐことで前鼻孔から水が入り、後鼻孔から水が出ていく。鼻腔底面の粘膜は嗅上皮でおおわれていて、ここに感覚細胞である嗅細胞が分布している。また嗅上皮には繊毛と呼ばれる細長い毛が多数並んでおり、これを波打たせて鼻腔内の水の動きを起こし、嗅細胞とにおい物質の出会う確率を高めている。

嗅細胞で受け取ったにおいについての情報は、神経を通って脳にはこばれる。嗅覚の中枢は脳の前方にある端脳にあり、ウナギやウツボのように夜行性でにおいに依存した魚では、嗅球という特化した部分が大きく発達している。

◎水の中の味

次は味についてであるが、私たちは口の中に食べ物、飲み物をとりこみ、舌の上で味を感じている。甘い、苦い、塩っぱい、酸っぱいという4種の味覚にそれぞれ対応する部分があり、たとえば苦味を感じる部分が舌の先端に多いことから、苦い薬をのむときには舌の奥のほうに入れてのみこむように親から教えられる。

魚にも口があり、舌がある。しかし、魚の舌は私たちのように味覚器官としての発達はせずに、ものを喉の奥に押しこむための道具であり、また、かたい、やわらかいという食べ物の舌触りを感じる役割に徹している。

味覚を受けとめる感覚細胞（味細胞）は味蕾《みらい》と呼ばれる。私たちの舌の上にある味細胞を顕微鏡で観察すると花の蕾に似ているために名づけられたと

図3　ホウボウ

いう。魚の場合にはこの味蕾が舌の上ではなく、口の中に分布している。また唇や顔のまわりといった身体の表面にも分布しているのが特徴である。水そのものが味物質を含み、味覚刺激をもたらすことを考えると、水中生活へのすばらしい適応である。特に、コイやドジョウ、ナマズ、ヒメジといった魚のヒゲはすぐれた味覚器官となっており、水底を移動しながらこれを動かしてエサを探すために使われる。私たちが食べられないものを口の中に入れてしまうような心配なしに、口の外にある段階でエサの吟味を済ませてから口に入れるという安心な食べ方ができることになる。図3のホウボウという魚の胸ビレにも味蕾が広く分布しており、広げた状態で海底をこすって味を調べるようにできている。味覚の中枢は脳の後方にある延髄であるが、そこからそれぞれの味覚器官へとつながる神経があり、情報が集められている。

〈3〉沈黙の世界に音を聞く

●水の中の音

『沈黙の世界』という映画があった。科学者の海中での活躍に胸躍らせたのははるか昔の話だが、自分がサンゴ礁で花畑のような色鮮やかな世界を楽しんだり、東京湾のにごった海で漁具の観察をするために潜るようになって、「沈黙の世界」という言葉に違和感を覚え始めた。私たちの耳は空中で音を聞くために適応しており、水の中に入ると耳栓をしたような状態で音が聞こえにくくなり、静けさと孤独感を覚える。しかし、潜水作業に慣れてくると波の音や海底からの音が聞こえてくるし、数キロ先で動く船のプロペラの音をはっきりと聞くこともできる。すぐ近くの船の音かと思っておそるおそる水面にあがってみると、はるか彼方を移動している小船の音であるのに気づいて拍子抜けすることもしばしばである。

陸上での音というのは空気の振動であり、これを鼓膜で受けて音として認識している。水中の場合であれば水の振動が音になるが、媒体としての水は空気よりも密度が高く、音を伝えるためには水のほうがすぐれている。空気中で音の伝わる速さは温度によって変わるが、摂氏15度のときに毎秒約34

0メートルである。これが水中であれば毎秒約1500メートルとなり、音の通りが水中ではるかによいことが分かる。

陸上であれば空気というスカスカの媒体を通して見ることで、数キロ、数十キロ先の物体を視認することができる。これに対して水中の視界としてはせいぜい数十メートルがよいところで、東京湾のようににごって透明度の悪いところでは数メートルの視野さえ困難な場合が多い。水中では音のほうが情報源としてすぐれており、水中に生活している魚がこの情報を有効に利用して生きていることはまちがいない。

音が空気や水という媒体を伝わるとき、媒体を圧縮した密な部分と、疎のままの部分が交互に波として移動する。太鼓を叩くと皮の部分が振動するが、この動きが空気の疎密波を作りだし、これが鼓膜にあたって音としての感覚を生み出しているわけである。私たちが声を出すのも、声帯を動かして口から空気の疎密波を送り出しているのであり、のどに指をあててみるとその動きを感じることができる。この口から出るときの息の強さで強弱を調整し、のどや唇、鼻を使ってさまざまな音を作って言葉をしゃべっていることになる。水中でも原理は同じで、魚も音を出し、それを聞き分けてコミュニケーションに役立たせている。そんな水中の音の世界に入ってみよう。

魚の耳

私たちが耳と言うときには、実は顔の外に出ている外耳の耳たぶをさしている。しかしこれは音を集めるための役割をしているだけで、音を刺激として受けとめるのは身体の中の内耳と言われる器官がはたらいている。これをもうすこしシンプルにしたものが魚にもあり、平衡感覚を受ける半規管と、音を受ける小嚢などからできている。

私たちが音を聞くしくみは、外耳で集めた音を耳の穴（外耳道）を通して鼓膜まで伝え、中耳にある3つの小さな骨で鼓膜の振動を増幅して、内耳の蝸牛管の中にある聴覚細胞で音を受ける。魚の場合は、外に見える外耳もなければ耳の穴もない。それではどうやって音が内耳まで伝わるのだろうか。

ここで、水中では水の振動による疎密波が音であることを思い出していただきたい。魚の身体のまわりにある水そのものが音を伝えているわけであり、これが直接に身体にあたり、特に顔の近くの骨を通して振動が内耳に伝えられる。

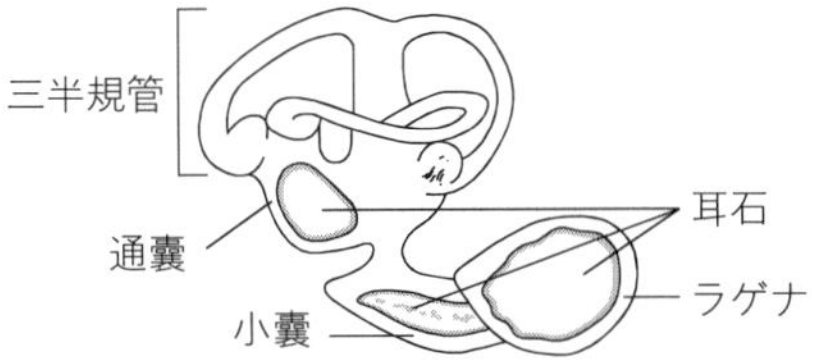

図4　コイ科の魚の三半規管と耳石

もう一つの経路はウキブクロを通してのものである。ウキブクロが内耳と骨でつながっている魚種では、水の疎密波をウキブクロが受けて、これを増幅する形で内耳に伝え、音として認知される。ウキブクロは精巧な共振器であるとともに音響増幅器となっており、コイやキンギョ、ナマズ、ハヤのような淡水魚の多くは音に対する感受性の非常に高いことが知られている。

内耳は耳殻という骨でできたすきまの中で、リンパ液に包まれている。その構造や各器官の配置は魚種によって異なるが、図4に示したように上のほうに3種類の半周の環が組み合わされた三半規管と通嚢《のう》があり、平衡感覚に関与する。その下側に小嚢とラゲナがあり、こちらが聴覚に関与する。通嚢、小嚢、ラゲナが耳石器官と呼ばれるもので、音や振動を感じる有毛細胞がこの上に散らばる形で分布している。この分布の状態や配列、そして密度が音や振動の違いを受けとめるのに対応している。

◎第六感としての側線感覚

音は水中では水の疎密波として伝わること、そしてこれが骨やウキブクロを通して内耳で音として受け取られることは理解できた。ここで、水の動き

図5　タラの側線

の本質を考えると、波であるとともに水粒子の動きも起こしている。音については、水という媒質の中に、圧縮された部分とそうでない部分とが作られ、この圧力の変化が遠くまで音波として水中を伝わっていく。これに対して、水粒子の動きも水中でものが動くときに生じるが、このエネルギーは遠くまで伝わるものではなく、ごく近くだけに影響する。

さて、多くの魚には図5、6のように身体の両側に側線と呼ばれる線があり、胸ビレのあたりから尾ビレに向けて長く伸びている。これが水の乱れや、水圧変化、水流変化を感じる役目をもっている。真っ暗ななかでも魚がお互いにぶつからずに泳いでいられるのは側線感覚を利用しているからであり、身体のまわりにおきているわずかな水の乱れを感じ、反応する能力を持っている。

側線が線のように見えるのは、まわりにある他のウロコと違って小さな穴をもっているからである。この穴の並んでいる様子が点線のように見えるわけだが、これを通して、ウロコの下を通る側線管という通路に水が入っていく。管の中にはゼラチン状のクプラという隆起が並んでおり、それぞれに有毛細胞というセンサーが包まれている。有毛細胞の構造は内耳にあるものと

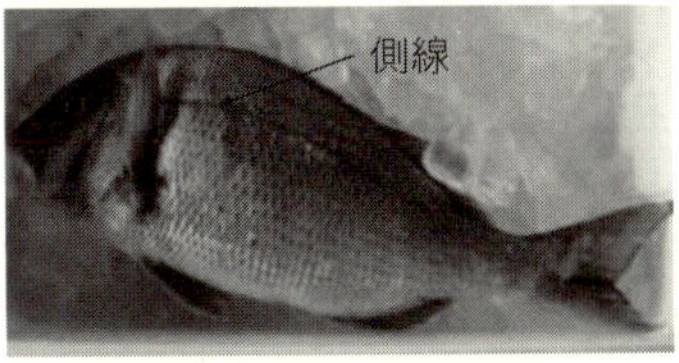

図6　マダイの側線

構造は同じであり、またセンサーとしての機能も同じで、この先端にある感覚毛が水の動きでゆがむときに刺激として感知されることになる。この側線系の管器は体の側面だけでなく、顔のまわりにも分布しており、泳ぎながら前方の障害物を検出するのに役立っている。私たちは空気の動きを皮膚で感じることができるが、魚はこの能力をさらに敏感で精度の高いセンサーとして持っているわけである。たしかに私たちの持たない能力であり、第六感と呼ぶのにふさわしいかもしれない。

もうひとつの内耳の働き

内耳と側線はともに水の動きという機械的な刺激を受けることから、2つをまとめて機械受容体と呼ぶ。水の疎密波がいわゆる音刺激であり、内耳で受けて聴覚となり、水粒子の動きは側線で受けて振動感覚となる。この他に体表や舌で感じる触覚や、身体のバランスを感じる平衡感覚も機械受容体としてまとめることができる。

平衡感覚については内耳にある3つの半規管と耳石とがはたらいており、重力や加速度を感じて、姿勢を正しく保つように機能する。背中を上に、腹

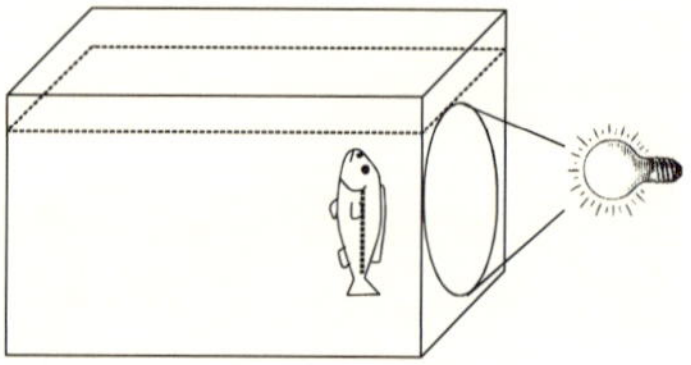

図7　内耳を壊された魚の背光反応

を下にしているのが普通の魚であるが、内耳をこわしてしまうとこの姿勢がとれなくなる。このときに光を背中から受けるようにする背光反応《はいこう》という行動がある。背中を上にして泳ぐという一つの行動について、平衡感覚と視覚という2つの機能が保障しているわけである。正常な環境であれば光は上からくるので問題ないが、水槽の中で人間が光を横からあててみると、内耳をこわされた魚では図7のように明るい側に背中を向けて横向きになってしまう。最近のことだが、スペースシャトルで無重力状態になったときに魚はどういう姿勢をとるのかということが話題になった。このときは内耳がこわれた魚と同じで、視覚で反応して背を光側に向けた。無重力での魚の行動というテーマが宇宙へ進出する時代には大事なものになるのかもしれない。

煮魚や焼き魚をつついているときに、眼の後ろの方から耳石を取り出すことができる。魚の年齢を調べたり、生まれてから何日目なのかまで判定できる便利なものであるが、これを箸でつついて宇宙時代を考えるのも一興であろう。

◎魚の聞く能力

もう一度、水中の音の問題に戻って、魚の聞く能力を考えてみたい。私たちがコミュニケーションに使っている言葉や、音楽のメロディーのような複雑な音について魚がどのように感じてくれるかを理解するには至っていないが、ピーッという高い音、ブーッという低い音といった純音の周波数を変えたとき聞く能力がどのように変わるか、そして一番感度の高い周波数域がどこにあるのかが、いろいろな魚について調べられている。これをまとめてみると、ウキブクロを使って音を聞く聴覚スペシャリストとされる魚種では数十ヘルツから数千ヘルツの範囲を聞き取り、最高感度は300～1000ヘルツにある。これに対して、ウキブクロと内耳がつながっていない魚種では聞き取れる音の範囲は100～3000ヘルツあたりと狭くなり、かなり強い音が必要になる。ヒラメやカレイのようにウキブクロをもたない魚では、400ヘルツあたりまでの低い音しか聞き取れないという報告もある。

このように魚種によって聞き取れる範囲に違いがあるのは、進化の過程や生活様式との関係でおもしろいところだが、実験したときの環境や、実験方法によっても結果が大きく影響され、うるさいところ、静かなところといった育った環境での違いにも左右されるという。しかし、私たち人間が20〜20000ヘルツの範囲の音を聞いているのと比べると、魚のほうが高音域での能力は劣っていることになる。とは言っても、人間の耳の能力は空中での結果であって、水中ではかなり能力が低下することはまちがいない。

さて、海洋牧場という言葉がSFの世界ではなく、実際に新しい産業として育ち始めている。マダイのような高級魚を対象に、親魚を成熟させて産卵させ、これを水槽の中で孵化させて稚魚を育てる。これをそのまま生簀《いけす》の中で大きくなるまで育てれば養殖となるが、ある段階で海に放して自然に戻し、沿岸の資源を増やす栽培漁業という事業が日本各地で行なわれている。この稚魚を海に放す前に、水槽や生簀の中で音を聞かせてエサを与えることを繰り返し、音を聞くとエサを食べに戻ってくるように訓練する。この後で稚魚を湾に放すと、あまり遠くまで行かずに湾の中で自分でエサをとって成長してくれる。この間も音響給餌を続けておき、大きくなって収獲したい時期が来たら、音で集めて漁獲しようという方法が行なわれている。このときの水中に出す音について、どのような音色がよいかという研究が始まった。

マダイについては現在300ヘルツの純音が使われているが、実際にマダイの聴覚を調べてみると、200ヘルツに最高感度があることが分かり、あらためて音の種類を検討しようという動きもある。難しいのは水中での背景となる雑音の中でどのような音が遠くまで届くかを考えなければいけないことである。また、遠くで音を聞いたときに、その音源がどこにあるのかを探す魚の能力も関係している。音を出してエサをやり終わったときにやっと集まってくるようではエサにありつけないし、10キロ先にいる魚に聞き取れるような音を出せば、音源近くでは爆発的な音の強さになってしまう。音の種類の選定や、魚種別の音を聞く能力、そして音源を探し出す能力についての知識がもっと必要なことは確かで、海洋牧場が陸上での牛や馬を飼育する技術段階に到達するにはもう少し時間がかかりそうだ。

●スケトウダラの愛の唄

北海道の噴火湾では冬になるとスケトウダラが産卵のために沿岸に集まってくる。これを釣りや網で漁獲するのだが、この時期にあわせて、北海道大学の桜井泰憲先生にお願いしてスケトウダラの視覚と遊泳能力を調べる実験に出かけた。まだ夜の明ける前に船で港を出て、沖にしかけてある大きな定置網の操業に参加し、漁獲されたスケトウダラをまとめて分けていただき、だいじに大学の実験所まで運んでくる。これを水槽で飼育して、筋肉の収縮や視覚についての実験にとりかかった。同時に、水槽の中で泳ぐスケトウダラの様子をビデオで撮影して、尾ビレのふり方と泳ぐ速さを記録する作業に入った。

桜井先生はタラ類の繁殖行動や生理学を専門にされており、以前から繁殖期のスケトウダラを飼育して研究され、この分野の第一人者である。この年は繁殖行動中にスケトウダラが出す音を研究するために準備をしておられた。ヨーロッパのタラの仲間についてはウキブクロを使って音を出すことが知られていたが、日本では初めての研究だった。私も水中マイクでひろった音を聞かせてもらったが、ギュッとかギューッ、そしてギュッギュッギュッといった魚の出す音を初めて聞くことができ、感動したものである。この研究は当時大学院の博士課程に在籍していた朴容石さんが論文としてまとめ、発表されている。

さて、スケトウダラの繁殖行動だが、水槽の狭い環境に慣れたころから、大きめのオスが水槽を独り占めして中央をゆうゆうと泳ぎ始め、他のオスが近づいてくると相手を威嚇する。このときにギュッという音を出す。相手が逃げ始めると追いかけながら、2〜5回の連続したパルス状の鳴音を発する。ギュッギュッギュッである。そして、口でつつくように攻撃して追い払う。そのうちに他のオスは水槽のすみに小さくなって、あまり泳がなくなってしまった。

メスの方は、産卵直前になると腹部が大きくふくらんでくる。このメスに対して、オスは後ろから追いかけるようについて泳ぐ行動を繰り返す。このときの鳴音をグラント音というが、威嚇や攻撃のときよりもやや低く、ギューッとかグーッという感じだろうか。このお見合い行動がうまくいくと、オスがメスの上からのしかかるようにして水槽の底のほうへ一緒に進み、そのあとでオスが腹側に回りこむようにして、今度は腹を合わせた状態で水面へ一緒にあがってきて、2尾で回るように泳ぎながら産卵する。この間、オスはパルス状の低い音を出し続けている。このようにして、オスの求愛の音がメスの産卵行動への参加をうながしているわけで、お互いに相手を認知し、合意に達するまでには発音と聴覚が重要な役割をはたしている。

おもしろかったのは、オスがまちがえてオスを追いかけて産卵行動に入ろうとしたときで、後ろからのしかかられたオスはあわててギュッという音を出し、その瞬間に上にいたオスがあわてたようにサッと離れる。狭い水槽の中だからこそのまちがえなのだろうが、「おい、やめろよ!」といったコミュニケーションが成立しており、音を出し、それを聞いて行動しているのに驚かされた。

●魚の鳴き声

魚の発する音についての研究が進んだのは測定器の発展によるところが大きい。かつては特別な魚の種類だけがもつ特殊な生態として考えられていたのだが、水中音に関する研究が進む中で、発音器官による鳴音だけでなく、水の中での行動にはなにかしらの音が生じていることもわかってきた。水面でコイやボラが跳ねてチャポンというのも音であるといえば理解していただけるだろうか。

魚が泳ぐときには水が動いているわけで、音を出しているということもできる。もちろん1尾の魚がゆっくりと泳ぐときの音は水中の雑音の中にかくれてしまうのだが、大きな群れが移動するときや、高速遊泳しているときの水を切る音、魚が急に向きをかえたりするときの音が記録されている。またエサを食べるときの音も特徴があり、これを記録しておいて魚を集めようという研究が行なわれたこともある。エサを呑みこんだり、噛み砕くときの音で、この音を聞かせれば仲間がエサを求めて集まってくるだろうというアイデアであった。コイが水面でパクパクするときの音は私たちにも身近に経験できるし、ドジョウが肛門から空気を出すときの音は聞こえないにしても、それが水面でポンと割れるときの音を聞くことはできる。

このような身体の動きや行動にともなって起こる音とは別に、繁殖期になわばりを宣言したり、仲間を呼び寄せるために鳴き交わすように音を出す魚もいる。ウキブクロを使って音を出す種類としてタラの仲間の例を紹介したが、他にもカサゴやグチの仲間がウキブクロを使ってドラムを叩くような音を出す。シログチは高級かまぼこの材料になる底魚で、資源量の多かった昔は、船の上から音が聞こえたという。愚痴をこぼしているようだといって、グチの名がつけられたともいう。ハゼの仲間では、のどの骨をすりあわせて発音するものもいる。

水中の音を調べることで、魚を見つけたり、どのぐらいいるのかを知るための研究も始まっている。音でおどかして遠ざけたり、あるいは音で魚を集め、漁具の近くへ寄せようといった行動の制御を目的とする研究も多くなってきた。音刺激をうまく使って、その反応を漁獲技術や管理技術に応用しようとするもので、昔からのアイデアがあらためて21世紀の技術のもとで実用化に一歩ずつ近づいてきている。

〈4〉魚はなにを見ているか

人間にとってものを見ることは重要な情報入手の手段であり、遠くのものの、近くのものを見て状況を理解し、生活している。さらに、絵を見たり、文字を読むといった方法で知識を集め、情報交換と文化の構築を可能としてきた。しかし、これは陸上での話であって、水の中では私たちの視覚の機能は極端に低下し、ゴーグルや水中マスクといった道具をつけない限り、水中でものをはっきりと見るのは困難である。

それでは水の中の生活を当たり前にしている魚は、どのようにものを見ているのだろうか。そして、エサを取ったり、敵から逃げるときに、魚の視覚機能はどのように働いているのだろうか。水中という私たちにとっては特異な環境で生活する魚の行動を、眼の構造や機能から考えてみよう。

眼のしくみとカメラ

まずは「眼」、そして「視覚」の機能とそのしくみについて整理することから始めよう。視覚機能は物の細部を見分ける形態視覚、動く物体を認識する能力としての運動視覚、明るさを認識する明暗感覚、色を見分ける色彩感

表２　カメラと眼の構造と機能

カメラ	眼	機能
調光フィルター	まぶた	光量調節
ボディ	強膜	眼球保護
保護フィルター	角膜	レンズの保護と光の屈折
絞り	虹彩，瞳孔	光量調節
レンズ	水晶体	焦点調節
暗箱	硝子体	結像のための距離
フィルム	網膜	感光，結像

覚といったいくつかの異なる能力が含まれている。この眼の構造と機能はカメラになぞらえて説明することができる。実際にはカメラが眼に似ているといった方が正しく、カメラの部品と眼の構造を比較して、表2にまとめてみた。

水中の動物について考える前に、まずは分かりやすく私たち人間の眼でこれを説明していこう。光が入る方向から順に説明すると、カメラではレンズの前にフィルターを付けて、レンズの保護や明るさの調節を行なっている。眼の場合は、まぶたの閉じ方で第1段階の明るさの調節が行なわれる。まぶしいときに目を細めるのはこの調節機能を使っているのである。カメラのボディに相当するものが眼の強膜である。強膜は眼球の最も外側にある丈夫な膜で、人間の「白目」といわれる部分になる。この前にある保護フィルターが角膜で、光を屈折させてレンズに送る。カメラで光量を調節するしぼりの機能について、人間の眼では虹彩という茶色に見える部分が働く。この中心にあるのが瞳孔で、暗いときには大きく開き、明るいときにはしぼり込まれて、眼球に入る光の量を調節している。この

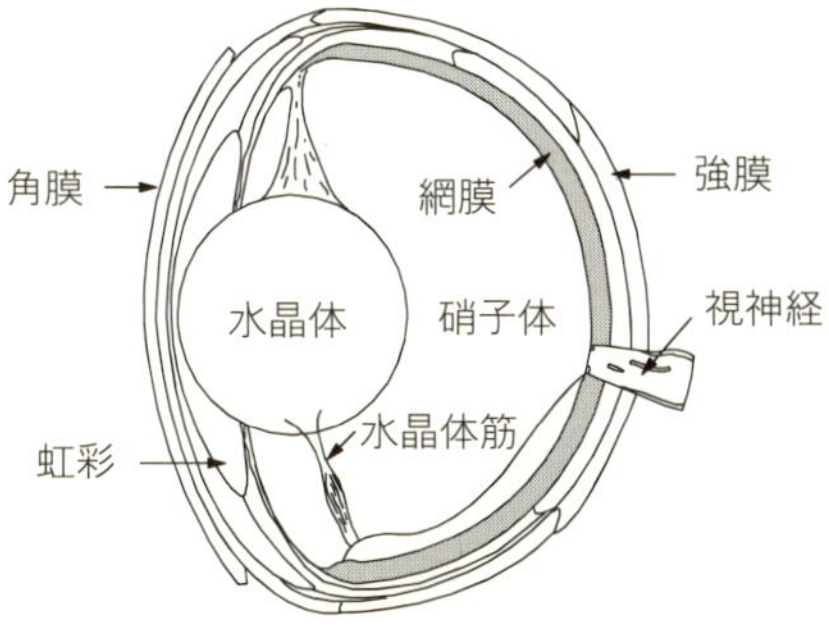

図8　魚の眼の構造

しぼり機能については、昔のカメラでは手動しぼりであったが、最近は自動しぼりが当たり前になり、カメラの機能がますます眼に近づいてきたことになる。焦点距離の調節についても、眼の場合であれば自動的に行なわれているわけで、カメラも自動焦点（オートフォーカス）が多くなってきたものの、レンズ移動をメカニカルに行なっているだけで、人間の眼のようにレンズの厚みを変更するような技術には到達していない。

カメラで焦点調節に使われるレンズは、眼の場合は日本語で水晶体と呼ばれる。カメラの場合は高級なものほど複雑で、いくつかのレンズを組み合わせ、それぞれのレンズも高品質の材料を使っている。このレンズを前後に移動させて、フィルムまでの距離を調節して焦点を合わせている。眼の場合も基本的なしくみは同じだが、もちろんレンズは1枚だけであり、人間の場合は両側に膨らんだ凸レンズの厚みを変化させることで、光の屈折程度を変えて焦点をあわせる。

さて、ここで図8に示した魚の場合であるが、私たちの眼とは当然少し様子が違っている。まず、多くの魚はまぶたを持たないのでこの段階での光量調節はない。そして特徴的なのは水晶体の形状が球形であり、カメラで言えば超広角の魚眼レンズに相当する。そのために焦点調節についても微調整が不要で、レンズの厚みを変えるのではなく、水晶体をほんの数ミリだけ前後に移動させる程度の焦点調節の機能で近くから遠くまでの調整が可能なのである。

では、さらに眼の奥へ進んで、光を刺激として受けとめるレベルに入ろう。ここからは人も魚もあまり変わらない。カメラのレンズとフィルムの間には光の入らない状態で焦点距離をとるための暗箱とよばれる部分がある。眼球ではこの部分に透明のゼリー状物質が詰まっており、眼球の形を作り、また弾性を保つようにできている。焼き魚の目玉のあのゼリー状のブヨブヨしたものを思い出してもらえればよい。

最後にカメラのフィルムに相当するものが眼球の奥の内側にある網膜で、ここに見たものの像が結ばれる。写真の場合はここで実際にフィルムが感光して焼きつけられ、ネガ画像になるわけだが、網膜では視細胞が反応して、視神経を通って情報が脳に送られ、脳の中でイメージとして認知される。そ

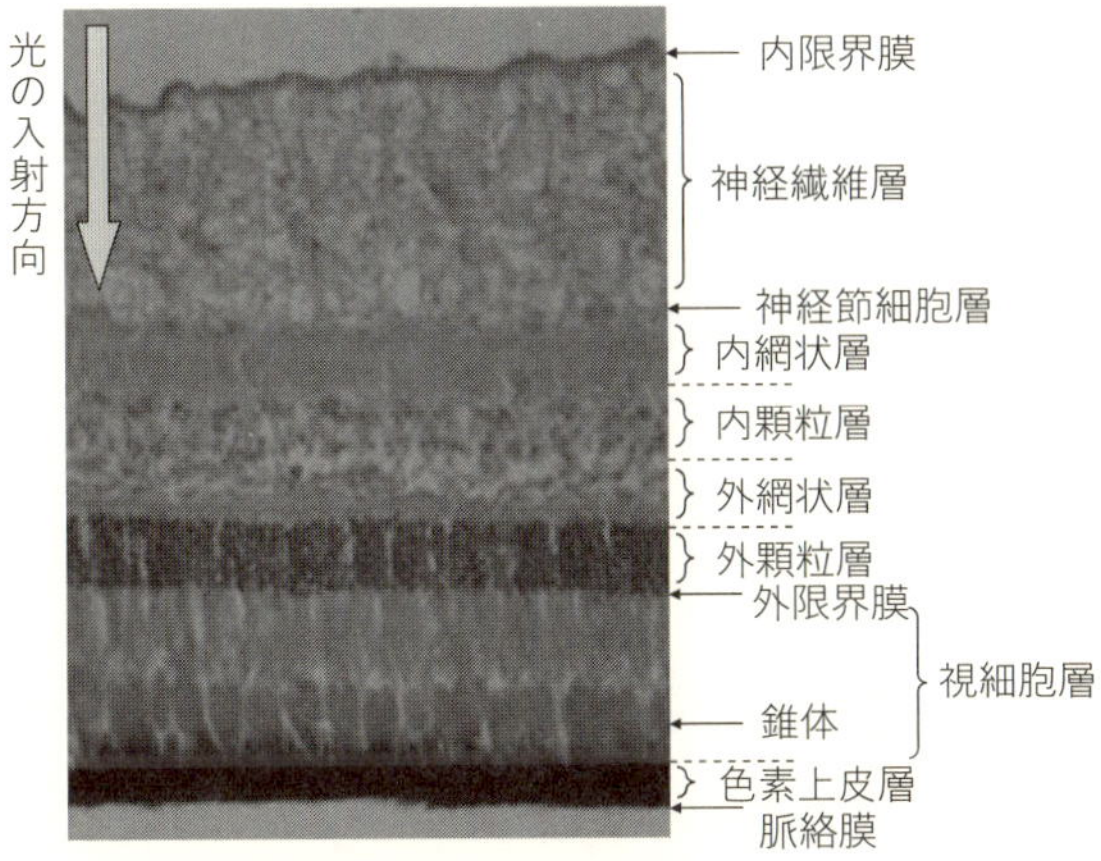

図9　マアジの網膜の構造

の意味では、眼の機能そのものが、フィルム写真ではなく、デジタルカメラのように信号を作って、送り出す役目であると考えた方が適当かもしれない。

魚の見ている世界

「光刺激が眼で受け取られ、脳で像を結ぶ」というしくみを理解したところで、ではこのしくみを使って、魚は実際にどんなふうに世界をのぞいているのか、「見て」みることにしょう。

カメラのフィルムに相当するものが眼の奥にある網膜であり、図9に示すような構造になっている。この中で、視細胞層と呼ばれる部分が光を情報として受ける役割をもち、錐体と桿体という2つの種類の視細胞が並んでいる。図9は網膜を縦に切断したもので、錐体を観察するための染色をしており、桿体は見えていない。この2つは明るさに応じてそれぞれ機能するよ

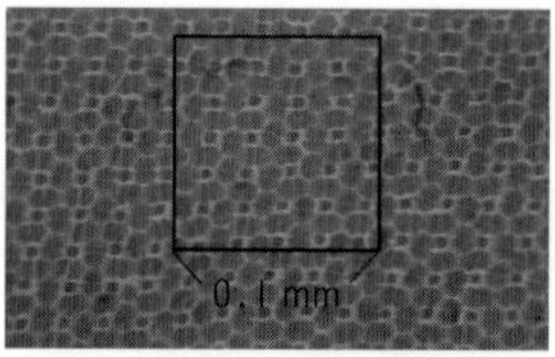

図10　マアジの錐体

うになっており、明るいときには錐体が前面に出て、ものの細部を見分け、また、色を見分ける働きをする。暗い環境になると桿体が錐体に替わって働き、特に弱い光のもとでの情報入手に機能を発揮する。

こう説明すると桿体が「スーパーアイ」のように聞こえるかもしれないが、この桿体には色彩感覚がない。このように、明るさによって錐体と桿体が位置を入れ替えて機能分業するしくみを魚は持っており、網膜運動反応という。人間の網膜ではこのような錐体と桿体の入れ替えは起こらないが、環境の明るさに応じて2つのセンサーで感度を変える機能に優れている。私たちが夕方の暗くなり始めたときに車の運転が難しくなるのは、錐体から桿体への感度の切り替えが起こっているためで、どちらの機能も中途半端で、十分に発揮されない状況なのである。

視細胞層の部分を横に切る形で顕微鏡標本を作り、錐体の分布状態を調べた写真を図10に示した。この敷きつめたように見えるひとつひとつが錐体細胞のなかの楕円体で、単一で存在するものと、2つがくっついた双錐体という形のものとがあり、魚種によってその割合や配列状況が異なっている。そして、この錐体の分布状態や密度を調べることで、魚がどのようにものを見

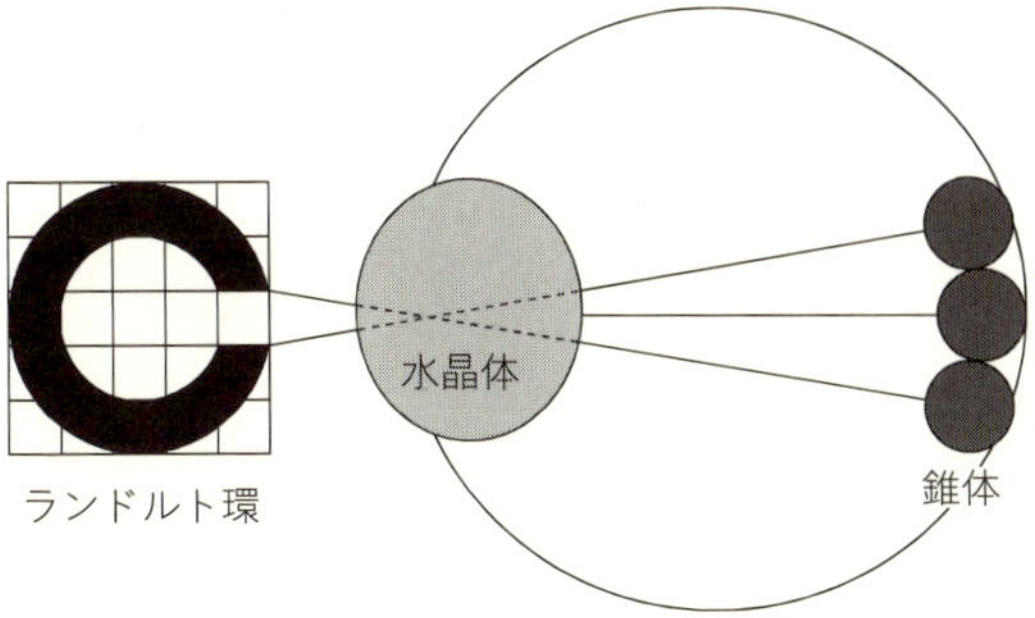

図11 錐体密度と視力

ているのかを知ることができる。

はじめにものの細部をどこまで見極めることができるかを図11で考えてみよう。ここではごく接近した2つの点を視覚対象として考える。この対象が水晶体を通して網膜に像として映し出されたときに、その像をカバーする網膜の位置に錐体が1つだけしかない場合、これは2つの点ではなく1つの点として認知されてしまう。視力検査で使うマーク（ランドルト環）で説明すると、C字のすきまの部分を認知するには、すきまの上下それぞれに対応する錐体が2つあり、その間にものがないことを認知するための錐体が少なくとも1つなければならない。つまり、2つの点を見分けるには最低3つの錐体が必要になるわけで、網膜上の錐体の密度が高いほど、細かいものを見ることができることになる。

また、網膜上の錐体の分布状態によって、ある部分で特に錐体が密集している魚種もある。このような場合は、その網膜の位置と水晶体を結んで外にのばした線が視軸となり、この方向での視力が最も高く、エサを取ったり、敵を探知するときの見やすい方

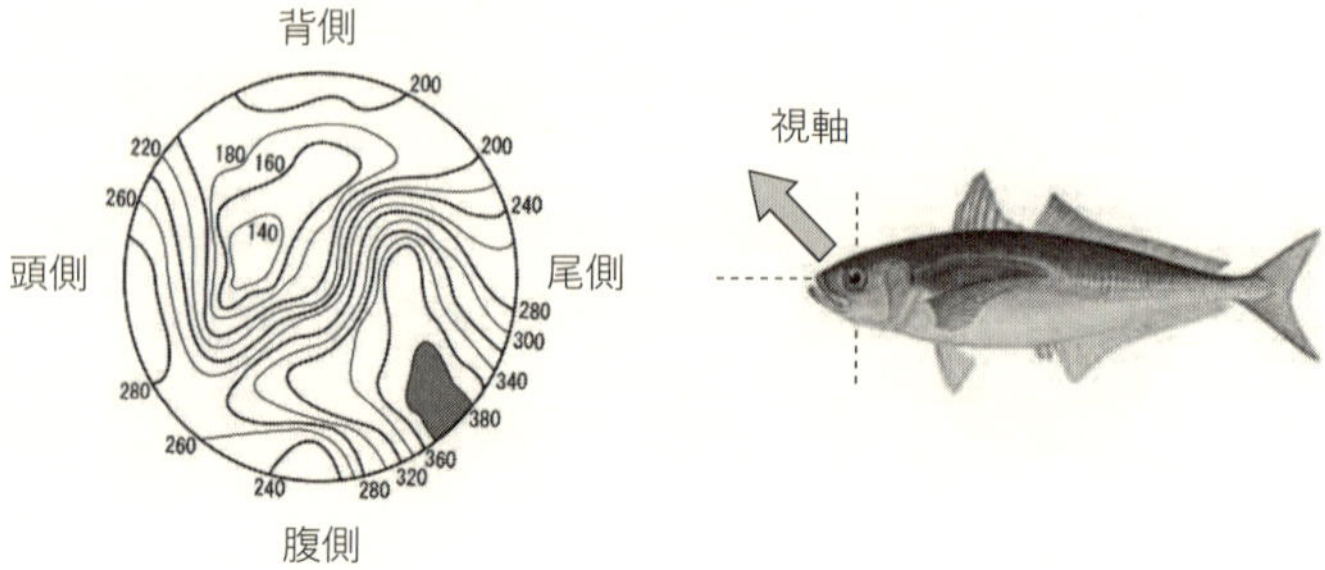

図 12　アジの網膜の錐体密度分布と視軸

向となる。図12に示したアジの場合は、網膜の斜め下の奥に錐体が多く分布し、このことから視軸は斜め前上方に向いていることが分かる。一般に、小魚を追いかけて食べているブリやカツオのような種類では、眼の奥の下側に密度の高い部分があり、海面を泳ぐ小魚を下から見上げる状態になっている。逆に、食べられる側の魚種では、錐体分布の密度差が小さく、周囲全体を広く見回して敵の接近にいち早く気づくように適応している。

さて、このようなものの細部を見分ける形態視覚について、実際に魚の視力を測定した結果を紹介し、網膜構造からの推定と比較してみよう。

●魚の視力測定

私たちが健康診断で視力測定をするときには普通はC字型のマークが使われる。これはランドルト環と呼ばれるもので、Cの字の線の太さと、切れているすきまの距離とが同じで、視力測定の標準記号となっている。1997年、当時大学院に在籍していた

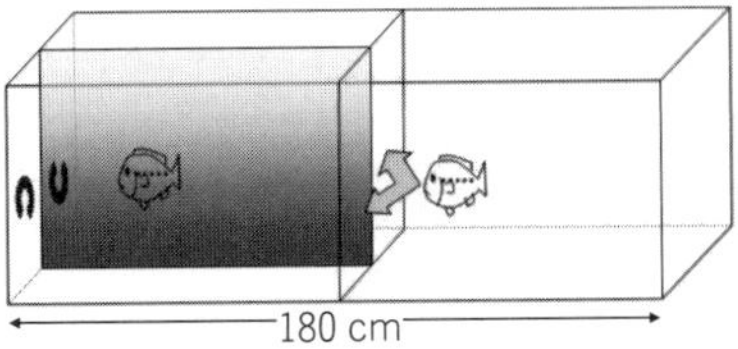

図13　視力測定のための二者択一の学習実験

塩原泰さんが、これを魚に見せて視力の測定を行なってみようと考え、実験にとりかかった。

はじめに大きなランドルト環を2つ見せて、すきまが上を向いた記号の方でエサを食べにくるように訓練をする。この記号が下向きの方に近づいた場合は罰として電気ショックを与える方法で、報酬と罰によって上向きの記号にだけ接近してエサを食べるように1か月間繰り返して学習をさせる。学習が完了した時点で、次にランドルト環を少しずつ小さなものに替えていき、提示されたランドルト環に接近し、上向きと下向きの見極めがついたところで、エサを取りにさらに接近するか、罰を回避するために戻るかの判断をさせた。このギリギリの距離を測定して視力を調べようというわけである。このような方法を学習実験と呼ぶが、記号を小さくしていって判定が難しくなると実験魚がストライキに入り、エサを食べなくなってしまうこともあり、魚の顔色を見ながらの実験であった。

実験には全長9・1センチのブルーギルを用いた。実験水槽を図13に示すが、長さ180センチを2つに区分して、いつもはエサ場から遠い区画で飼育する。この飼育区画からのゲートを開けて実験区画へブルーギルを導き、そこで初めてランドルト環が見えるようにする。訓練中のランドルト環には直径37・5ミリ、すきま7・5ミリの大型のものを用い、最終的には直径15ミリ、すきま3ミリの小型のものを使って実験を行なった。その結果、下向きの記号のときに34・8センチ前方で接近を止めて飼育区画に戻る行動を確認し、ここから視力を0・03と算出した。これはランドルト環のすきまを見分ける最小値を求めたもので、最小分離閾値《いきち》と呼ぶ。閾値《いきち》とは刺激の有無を認知できる境界値のことで、この値より大きければ違いが分かることを意味する。同じ大きさのブルーギルの網膜を顕微鏡で観察して求めた視力は0・05であり、網膜の構造としてはもっと細かいところまで見えるはずであったが、実際に行動実験から測定できる視力はやや劣ることになる。

◎小さいものを見る能力

ランドルト環を用いた視力測定は目標の細部を見分ける能力（最小分離閾値）を判定したもので、細かいものの存在を認知する能力（最小視認閾値）は別の方法で測定する。ここでも、実験水槽や「報酬と罰」による学習方法は同じであるが、視認目標としては黒丸を用い、水路は1つであるかないかの判断をさせた。始めは直径1センチの黒丸を提示し、ゲートを開けて、これが見えたらエサを食べにくるように、そして、黒丸のない場合は飼育区画から出ないように訓練する。実験には先ほどよりもやや大きめの全長16センチのブルーギルを用い、ゲートから黒丸までの距離は60センチとした。

1センチの黒丸での訓練が完了してまちがいをしなくなった段階で、黒丸の大きさを徐々に小さくして、どれだけ小さな黒丸まで認知できるかを判定した。その結果、直径2・3ミリまでは同じ正解率が維持されるが、2ミリ以下になると正解率は50パーセントとなり、黒丸があるかないかをあてずっぽうで判断して接近していることが分かる。このことから、60センチの距離で2・3ミリの黒丸の存在が視認できたとして、最小視認閾値は0・07と判定した。この値はランドルト環で調べた最小分離閾値の約2倍であり、成長によって視力が向上することを考えると、網膜構造を観察して錐体の密度から求めた視力とほぼ同じ結果となっていた。

●「魚の王様」での実験

同じようにしてマダイの視力を測定してみた。日本では「魚の王様」と呼

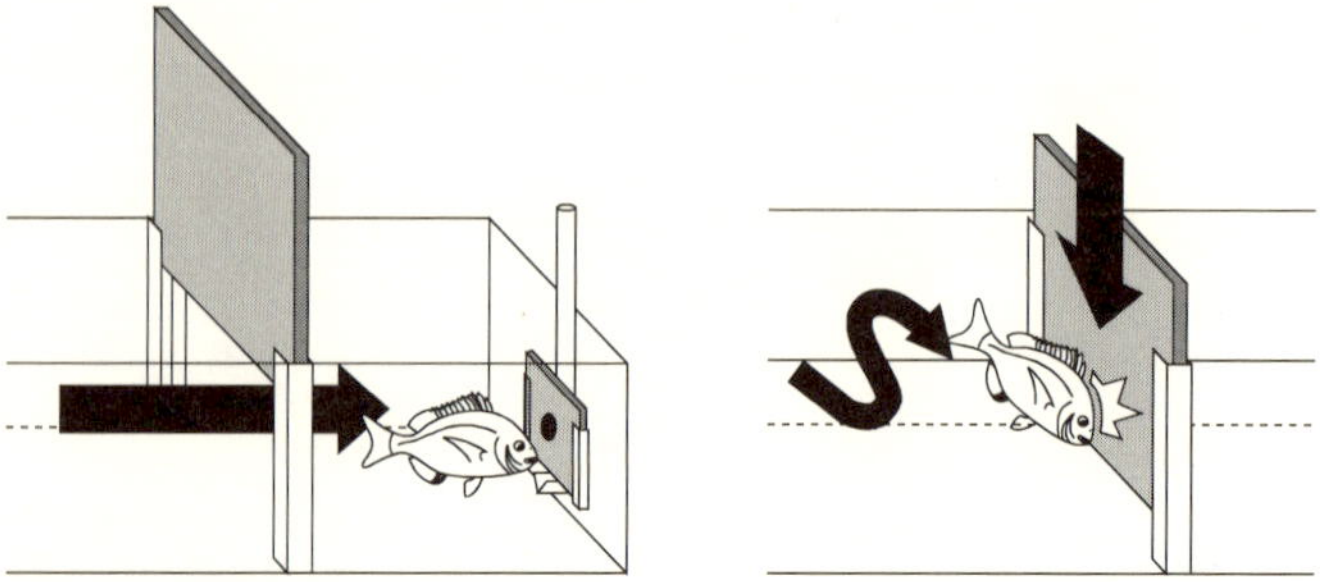

図 14　マダイの視力測定実験

ばれる高級魚で、養殖の対象にもなっているので、小型魚から大型魚まで、活魚出荷をあつかう業者に注文すればすぐに手に入る。しかしランドルト環のすきまの上下の向きを判断させる実験は残念ながらうまくできなかった。この実験は魚にずいぶん無理を強いることになり、かなりのストレスを与えてしまう。そのためには、ブルーギルのような飼育条件に慣れやすい魚種でなければ困難な実験だったのである。

そこで、マダイについてはランドルト環の実験をあきらめて、図14のように黒丸の有無を判断させる最小視認閾値の測定をしてみた。実験に使ったマダイは2歳で、20センチの大きさであった。これを2メートルとやや大きな実験水槽の半分の区画で飼育し、実験区画へのゲートを開けて、1メートル前方から黒丸を見て接近してきたらエサをやり、見えないときに近づこうとしたらゲートを落として驚かすという方法で学習させた。最初は5センチの黒丸から始めて、エサをもらう方法を学んでくれた時点で黒丸のサイズを小さくしていき、最後は0・9ミリと1・2ミリの

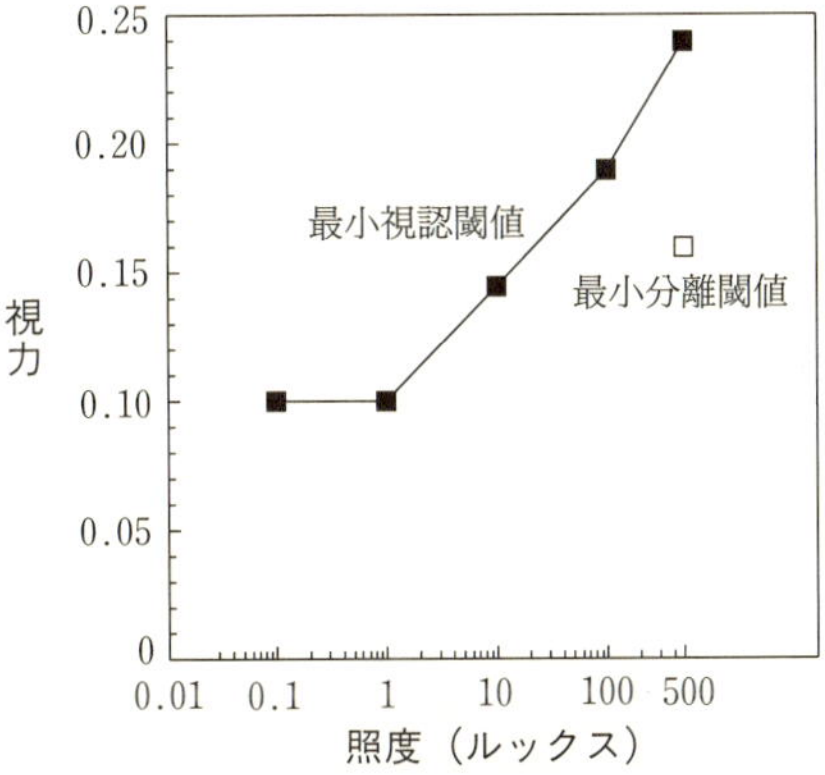

図15　照度とマダイの視力の関係

小さな黒丸で視力判定を行なった。このときの水槽は蛍光灯で全体を照らして、十分に明るい500ルックスの条件で訓練と判定をした。その結果、1・2ミリの黒丸については視認して接近するが、0・9ミリになると有無を確認できなくなることが分かった。この1・2ミリの黒丸を1メートル離れて確認できる視力は0・24と求められた。同じ大きさのブルーギルでは0・06、イシダイでは0・09という視力の測定結果が報告されており、マダイの眼のよさはかなりのものと言えよう。

◎暗い中ではよく見えない

次に、水槽の明るさを暗くした場合に視力がどのように低下するかを実験してみた。この結果を図15で示したが、500ルックスで0・24の視力であったものが、100ルックスでは0・18、10ルックスで0・

15、そして1ルックス以下では0・1という結果であった。この1ルックスのときに視認できた黒丸の大きさは3ミリで、それよりも小さな2ミリ以下の黒丸ではあるのかないのかを判断できずにまちがえ始めてしまう。

このように暗くなるとものが見えにくくなる現象は私たちの実感としても納得できるが、魚について実際に測定した例は少ない。これまでにカツオ、イシダイ、カゴカキダイ、そしてキンギョについての結果が報告されているに過ぎない。いずれの結果も、ある明るさまでは徐々に視力が低下していくが、これは明るいところで機能する錐体細胞の能力が関係している。暗くなると桿体細胞と働きを交替するために、視力の低下傾向が変化し、マダイの場合であれば0・1〜1ルックスの間でこの「切り替え」が生じたためと考えられた。

明るさは昼夜の時刻や夜なら月の満ち欠けでもちろん変わるが、水中ではさらに水深によって暗くなり、また水の透明度によっても変化する。たとえば沖縄のサンゴ礁海域であれば、昼に水面での明るさが20000ルックスのときに、水深50メートルで500ルックス、170メートルで0・1ルックスとなる。これが同じ昼間でも水の透明度の低い東京湾であれば、30メートルで500ルックス、100メートルで0・1ルックスとなり、海域の別で水深による明るさの変化は大きい。東京湾で視力測定に用いたのと同じ20センチのマダイを釣ることを考えると、2センチの大きさのエサを視認するのに水深50メートルなら16・8メートル離れたところからでもエサをよく見ることができるが、水深170メートルの暗い条件では6・9メートルまで近づいて初めて見ることができる。

さて、この机の上の計算が実際の海底のマダイの行動をどこまで正しくつかんでいるのか、私たち人間の感覚ではそんなに離れていて小さなエサを見ることができるものか考えこんでしまうが、釣りの好きな方に聞いてみたいものである。

大きくなるとよく見える

学習実験で視力を測定するのはなかなかに大変で、実験魚が途中で病気になってしまったり、ハンガーストライキを始めてしまって正解報酬としてのエサを受けつけなくなったりと、苦労が多い。そこでまえに説明したもう一つの手法として、網膜上の視細胞の密度を顕微鏡観察で調べ、水晶体の大き

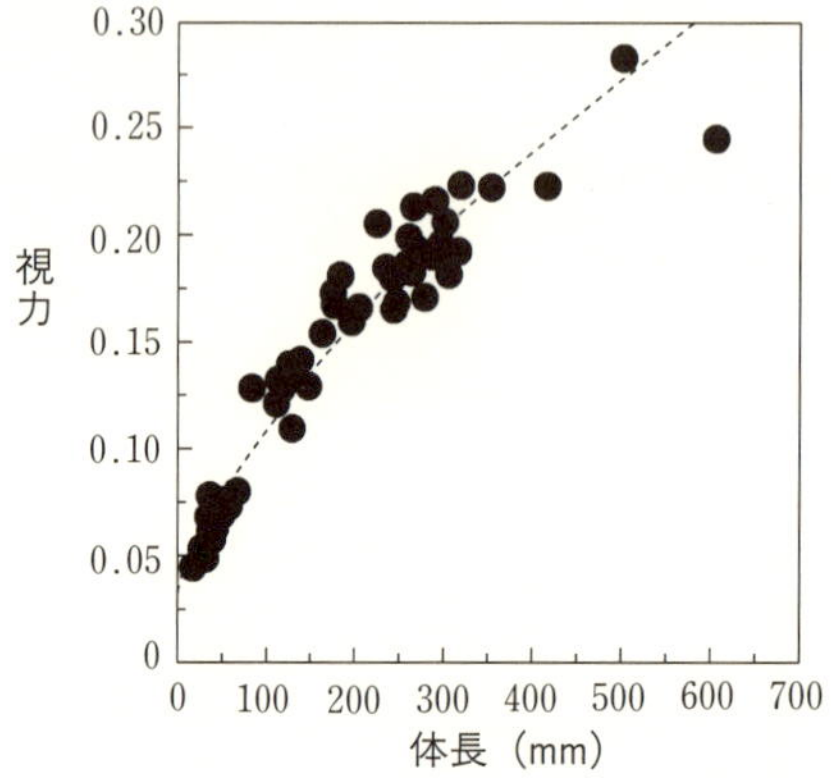

図 16　マダイの体長と視力の関係

さとの関係から計算で視力を求めることにした。ここでは、2・3センチから60・9センチまでのマダイ61尾を使い、成長にともなう視力の変化について検討した。

この結果を図16に示したが、最も小さかった2・3センチのマダイで視力は0・05、これが成長とともに向上して、10センチでは0・11、20センチでは0・16、そして最も大きな60・9センチの個体で0・31となった。この計算結果は最小分離閾値に関連する視力であり、さきほど学習実験で求めた最小視認閾値の視力が黒丸の有無を判断するだけでよかったのに対して、ここでは細かいところまで読みとる能力を要求するために、低い値となっている。

このように成長にともなって視力が向上するという結果は、他にもブルーギルやマアジ、ゴマサバ、ブリ、スケトウダラなどについて報告されており、大きく育つと行動範囲も広くなり、活発に動くようになるという生活様式に対応して、まわりからの情報を遠方から入手できるようになっている。

さて、先ほど20センチのマダイについて学習実験で暗い条件での視力を求めたが、この結果と成長段階別視力をまとめて、1ルックス以下の暗い中での2センチのエサを見つける能力を計算してみた。すると2・3センチのいちばん小さなマダイでは1・9メートルまで近づいてやっとエサを見つけることができる。いちばん大きな60・9センチでは12・2メートルから視認可能と計算できた。泳ぐ速度や距離も大型個体の方が有利であり、これに加えてエサの探知範囲としても大きく育つとよく見えることで、エサを探すこと、あるいは敵を早く見つけるといった生き残りのための能力が向上しているわけである。

どちらがよく見える

視細胞の分布状態は網膜上の位置によって違い、ある部分が特に濃密になっていて、それが一方向への視力の鋭さとなることをすでにアジで説明した。体長24・5センチのマダイについて網膜上の錐体密度の分布を調べてみ

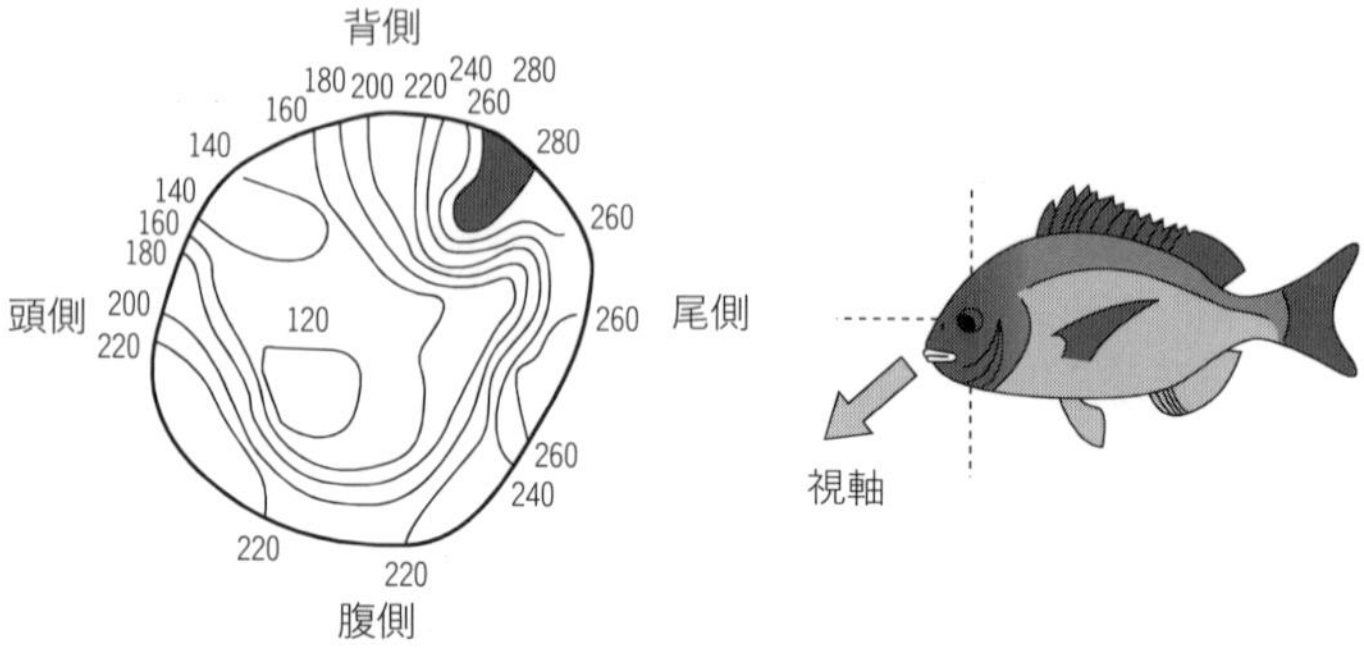

図17　マダイの網膜の錐体密度分布と視軸

ると、図17のように後部上方に錐体密度の高い部分があり、これと水晶体中央を結ぶ線を延長させると、前方斜め下に視軸のあることが推定できる。網膜の組織から求めたこの方向が本当なのかを確認するための行動実験の結果を紹介したい。

まずは半球型のアクリル製ドームを用意して、これに縦、横、斜めの4本の線を引く。これに22・5度刻みで33か所にスポンジを貼りつけ、エサのペレットをはさめるように切りこみをいれてエサ場とした。図18の右はこの実験装置を横から見た図である。この半球型ドームを水槽の中に入れて、飼育区画との間を白色アクリル板で仕切っておく。この白色板の中央に実験魚であるマダイが通りぬけられるような高さ10センチ、幅2センチのすきまを作り、ゲートを開けると飼育区画からこのすきまを抜けてドームへ移動できるようにする。そして、あらかじめドーム内側のスポンジの1つにペレットをはさんでおき、ゲートを開け、マダイがすきまを抜けてからペレットをついばむまでの時間を測定する。これをペレットの位置を変えて繰り返し、等距離で方向の違うペ

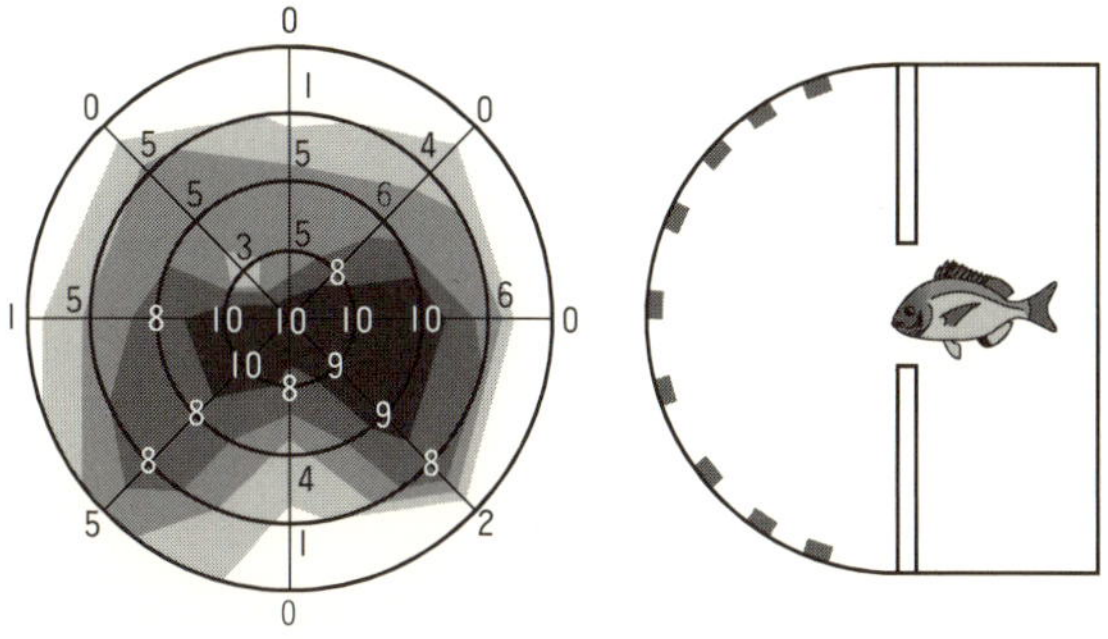

図18　視軸の方向を確認する実験とその結果

レットを探すときに、どの位置で最もすばやくエサを見つけて食べられるかを調べた。

実験を始めてみると、ドームに入ってからエサをとるようになるまでの訓練期間として1日に30回の給餌をしていると、1週間でエサに直進するようになる。さて、判定実験であるが、ランダムな順序で1日に33か所の給餌場所を1回ずつ一通り測定し、これを10日間実施して結果をまとめてみた。

エサの場所によって接近するときの行動に違いがあり、すきまを抜けると同時にエサを発見して2秒以内に直行して食べる場合と、ゲートを抜けた瞬間にはエサを発見できずにドームの中をウロウロしてから接近する場合とに分けられた。エサを見つけやすい場所というのが、マダイにとっての見えやすい方向であると考え、10回の実験でエサに直行して食べた回数を5段階に分けてウスアミの濃度で図18に示した。これを見ると、前方中央部がまず10回中10回とも直行しており、8割以上の割合で直行するのが中央から左右への広がり、そして両側の斜め下への部分であり、ド

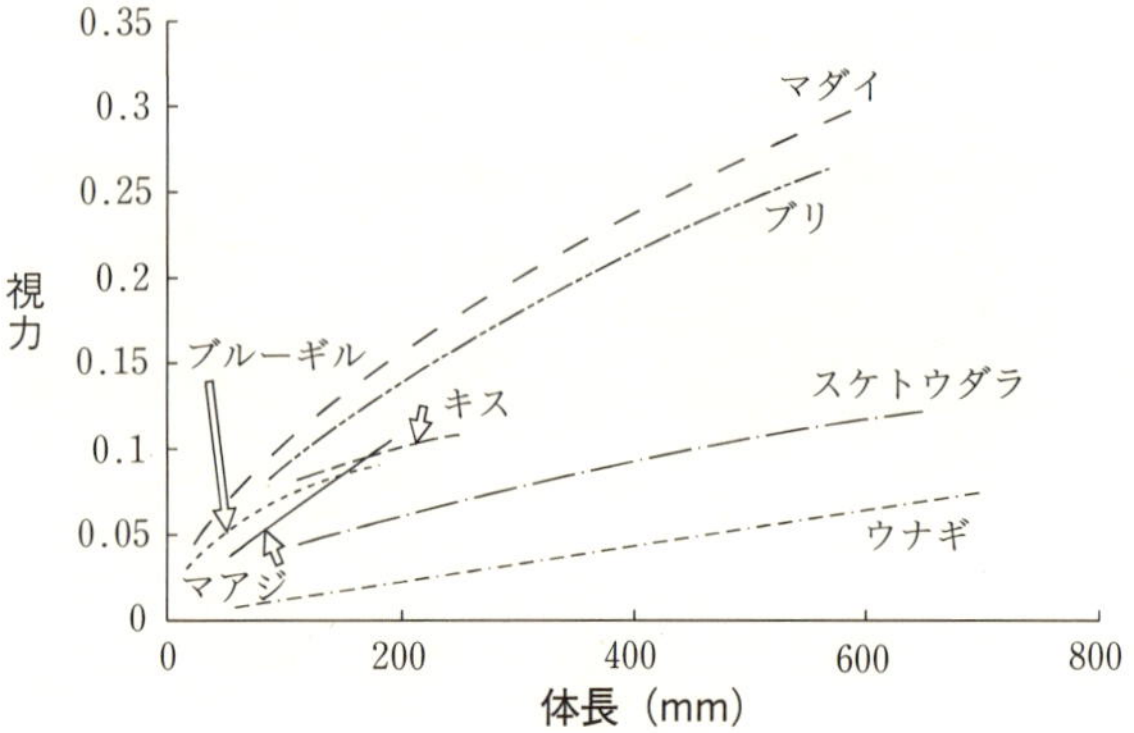

図19　魚種による視力の比較

ームの周辺域ではエサを探すのに時間のかかることがわかった。このエサを探しやすい場所について錐体分布から求めた視軸の方向とが一致しており、なるほど見えやすい方向を視軸とする意味がよく分かる。

●魚種による視力の比較

魚の視力を調べるために、網膜組織を顕微鏡で観察して視細胞の数を調べる方法を紹介したが、成長による視力の向上を確認した魚種の数はそれほど多くはない。これまでに研究室で調べてきた魚種の結果を図19に示したが、この中では、やはりマダイがいちばん視力がよく、ブリがそれに続いている。キスやスケトウダラといった海底にすむ魚種では視力が悪く、ウナギのように夜行性で、においに頼って生活する魚で特に悪い結果であった。一般に、海の表層を泳ぐ大型の魚で視力がよいとされ、マグロやカツオの仲間がすぐれた視力をもっていると言われている。

このような魚の視覚についての知識は、釣りの技術や漁業・養殖といったさまざまな場面で応用されることが期待されている。魚の見ている世界をすこしでも多く知るため、実験室で魚にエサをやり、顕微鏡をのぞくという楽しみを続けている。

III

魚の学習

〈1〉動物の学習行動

学習とは「学ぶこと、習うこと」であり、私たちがまず思い浮かべるものは学校での勉強や、試験の成績といったあまり楽しくない思い出かもしれない。しかし実際は、学校で勉強することで新しい知識を身につけ、社会で生きていくために必要な能力を自分のものにすることができるというのが本来の学習の意義である。動物行動学で学習という場合にも、経験によって新しい行動を身につける能力をさし、それは動物たちにとって自然の中で生きていくために重要な役割を果たしている。ここでは、動物の学習全般についての話題から、実際に魚を使った学習実験についてのいくつかを紹介し、漁業や養殖の中で魚の学習能力がどのように関係しているかについて話を進めてみたい。

●生得的行動と獲得的行動

動物の行動は生得的行動と獲得的行動の2つに大きく分けられる。生得的行動とは生まれながらにしてどのように行動するかが決まっているものであり、反射、走性、本能の3つがある。これに対して、獲得的行動とは生まれてからの経験によって新しい行動を身につけるものであり、この中に学習と知能の2つがある。

動物行動学が新しい学問として登場してきた1970年代には、生得的行動と獲得的行動の違いがどこにあるのかを見極めようとする考え方が強く、本能と学習の間の線引きにかかわる論争がしばしば行なわれていた。このことは、私たち人間の個々のふるまいについて、「氏か育ちか」を議論し、遺伝と環境のどちらが大きな影響を与えるかを議論するような方向へも展開された。

しかし、最近の傾向としては、なにを学習するかという問題も実は生まれながらにして決められているのであって、つまりは本能も学習もともに遺伝的に支配されているとの認識が定着してきたように思う。また、遺伝学の研究が進む中で、環境によって、そして経験によってどのように育つかが決定されるという方向があらためて確認されてきており、「氏か育ちか」を議論することの無意味さも理解されてきている。

動物の行動分類の詳細や考え方について、ここではあまり深入りせずに簡単に表1にまとめてみた。水の中にいる動物でもイソギンチャクとかウニ、

表1　動物の行動の分類

生得的行動	反射	単シナプス反射，脊髄反射，防御反射，定位反射
	走性	走光性，走流性，走地性，走化性，…
	本能	刺激―反応系の連鎖としての生得的解発機構
獲得的行動	学習	条件反射，試行錯誤，慣れ，模倣，刷り込み
	知能	推察，洞察

そしてプランクトンのような動物は、反射だけ、あるいは反射と走性だけで生活している。イカ・タコの仲間やエビ・カニ、そして魚のように、進化が進むにつれてより複雑な本能による行動、さらには獲得的行動の割合が多くを占めるようになる。

ここで、「モルガンの法則」と呼ばれる動物行動学の基本的な考え方があるのだが、それは動物の行動を人間の思考や感情にあわせて説明してはならないというものである。たとえば、動物プランクトンが光に集まるといった反射や走性に基づく単純な行動を、過去の経験で明るいところに植物プランクトンがたくさんいたことを学習していたとか、または明るいところが好きだからという感情で説明する必要はない。モルガンはダーウィンよりも50年ばかり後に登場した学者だが、「簡単に説明ができるなら、あえて高次のしくみをとりあげて複雑な説明をする必要はない」ということを提唱し、これを「ケチンボの法則」と呼ぶこともある。これに従えば、魚類については反射、走性、本能と学習の4つの段階で行動の解釈をし、知能については考えないでよいことになる。

さて、学習については、条件反射、試行錯誤、慣れ、模倣、刷り込みの5つがある。このそれぞれについて、私たち人間の行動や、身近に見られる動物の行動をもとに説明をしてみたい。残念なことに魚類についての事例はさほど多くなく、また行動のしくみが5つの分類の中ではうまく説明できない場合も多い。これは学習行動の分類や定義そのものが十分になされていないからでもあり、脳の働きという科学の最後の宿題が解明されるには程遠い現状なのかもしれない。

〈2〉条件反射と試行錯誤

●条件反射

動物の行動の中で最も単純な、ある単一の刺激に対する単一の反応を「反射」という。目の前に小さなものが飛んでくるととっさにまぶたを閉じたり、口の中にものを入れると自然に唾液が出てきたりする。これらは目の前にものが飛んできたり、口の中にものがあるといった刺激に単純に反応したのであって、感覚器官からの情報をもとに脳で判断して、「そうしよう」と考えた結果の行動ではない。特定の刺激が鍵や信号の役割を果たして、決まった行動が自然に引き起こされることから、無条件反射と呼ぶこともできる。

これに対して、特別の反射を引き起こすことのないはずの「意味のない刺激」を受けたときに、過去の経験をもとに反応し始めることが条件反射である。言いかえると、「意味のない刺激」を無条件反射の回路に割り込ませたかたちであり、ある反射を引き起こす刺激と一緒に繰り返して同時に提示することで、これまでは意味のなかった刺激が信号となって特定の反射を引き起こすようになる。パブロフが犬を使った有名な実験で初めて説明したもので、古典的条件反射と呼ばれている。

これを解説してみると、まず、無条件刺激としてのエサに対する唾液反射は以下のようなしくみでおきている。

食物 → 味覚受容器 → 感覚神経 → 延髄 → 運動神経 → 唾液腺 → 唾液分泌

食べ物が口に入り舌の上にのると、触覚刺激がものの存在を認知し、また味覚受容器が味覚刺激を受け取り、この興奮が感覚神経を通って延髄に運ばれる。延髄には唾液分泌中枢があり、唾液を分泌しろという命令が運動神経を通して唾液腺に伝えられ、その結果として唾液が分泌される。この唾液分泌によって、固形物を唾液に溶かして味覚刺激を受け取りやすく、そして食べ物を飲み込みやすくなる。このような単純な回路を反射弓《きゅう》という。

次に、それまでは意味のなかった音刺激が食物と同時に提示されると、以下のように延髄に通じる新しい神経回路が組み込まれる。

音 → 聴覚受容器 → 感覚神経 → 聴覚中枢

↓

食物 → 味覚受容器 → 感覚神経 → **延髄 → 運動神経 → 唾液腺 → 唾液分泌**

この唾液分泌の回路に音を組み込む条件反射では、延髄よりも高次にあたる脳の聴覚中枢が関わることになり、ここから延髄の唾液分泌中枢への新しい神経回路が形成される。これまで唾液分泌とは無関係であった音刺激が、食物—唾液分泌の回路に繰り返して提示されることで条件付けが完了し、音刺激—唾液分泌という新しい反射弓が完成されたことになる。この場合も意識の介入することなく短時間ですみやかに引き起こされることが条件反射の特徴である。

私たち人間の食物に対する反応は、味覚よりもさきに目で見て食べ物だと認識したり、においをかいで「腐っている」と判断したりといったように、視覚や嗅覚がまずはたらいている。これは食べられないものや危険なものを口に入れないようにするよくできたしくみといえよう。この事前の判定が食べ物の色やにおいで判断するという意識の世界であるのとは別に、たとえば梅干のように一目見ただけで唾液が出てしまうしくみが条件反射である。この場合、実際に梅干を口に入れたときに唾液が出るのは無条件反射であり、それを繰り返すうちに目で見ただけで唾液が出るようになれば条件反射である。必ずしも何度も繰り返して経験することが必要なわけではなく、梅干の例のようにたった1度の経験でも十分な学習となりうる。

条件反射が反射という最も単純な反応についての新しい行動様式の獲得であるのに対して、次に述べる試行錯誤はより複雑で自発的な運動を起こさせるものである。条件反射を古典的条件反射、試行錯誤学習を道具的条件反射と呼ぶこともあるが、この2つの違いが分かるように試行錯誤による学習についで見てみることにしよう。

◎試行錯誤

動物の行動でも、私たちの生活の中でも、一般に「学習」と呼ばれるものの多くは、この試行錯誤によって新しい行動を獲得することである。たとえば、動物の訓練に見られるように、正しい行動には報酬を、まちがったときには罰を与えることを繰り返すことで新しい行動が学習される。実際には条件反射との違いは何かという線引きはなかなか難しい。その理由の一つに、それぞれが確立されるまでの歴史的な学問上の流れの違いがまずあげられる。

パブロフの条件反射についての実験成果が英語に翻訳されたのは1927

年のことであった。その後、この原理は条件反射学として、動物学や医学だけではなく、思想、哲学の世界まで広く影響を及ぼすに至ったわけであるが、この当時から「生理学」と「心理学」という2つの学問分野の中で、動物の行動をどのように理解するかの論争が行なわれていた。生理学の中では、条件反射がややもすれば動物の行動を機械的に説明することを目的として取り上げられてきたのに対して、心理学の分野では動物との比較によって人間の心理を理解することが目的であり、目的が違うために解釈が異なるという残念な結果が見られた。この問題はすこし後回しにして、試行錯誤による学習とはどんなものかを紹介してみたい。

試行錯誤による学習にはハトやネズミといった実験動物を使う例が多い。迷路からの脱出やエサをもらうための動作について、報酬と罰によって正解を学習させようとするもので、何か新しい問題が与えられたときに、これを解決するための行動として、学習能力を判定する方法がとられたわけである。たとえば、箱の中のネズミに2つの窓を見せ、四角とか丸のマークの出た窓に飛びこめば裏に抜けてエサをもらえる、マークのない窓ではぶつかって跳ね返されるといった二者択一問題で学習能力を判定する。もう少し高度な学習実験では、2つのボタンやレバーを提示して、正しい側を押せばエサがもらえ、まちがえれば電気ショックが罰として与えられる。このように環境に対して積極的、かつ自発的に行なう行動をもとにして新しい行動を覚えさせるわけで、レバーを押したり、糸を引いたりといった道具を操作する行動であることから道具的条件反射と呼ばれる。

二者択一の中で正解を学習する過程では、まだなにも学習していない個体ならば初めは正解と不正解を半々に行動するはずである。それが正解で報酬としてのエサ、不正解では電気ショックのような罰を繰り返し受けることで、何が正解であるかを学習することになる。動物の訓練はすべてこの方法で行なわれ、たとえばイヌを口笛で呼び寄せたり、「お手」や「おかわり」「伏せ」「おあずけ」を覚えさせる過程でも、こちらが望む行動を取ったときにエサを与えるということを繰り返して、本来は無意味な人間の言葉による命令に従うという新しい行動を身につけることになる。

もちろん言葉だけではなく、命令者のしぐさも合図の一つとして利用されている。スコットランドでは羊を囲いの中に追いこむための牧羊犬のコンテストがあるが、ハンチングをかぶり、杖を片手にもった老人が口笛とかけ声、そして杖や手の動作によって思うがままにイヌに命令を伝えるのを見ると本当に感心する。以心伝心と言いたいところだが、これも訓練によって命令に従うよう学習させた結果である。

このように新しい行動を試行錯誤によって学習する過程では、報酬（エサ）と罰が繰り返して与えられる。エサと罰とがいつも同時に与えられるわけではなく、エサという報酬だけで新しい行動を身につける場合と、逆に罰によって防御型の条件反射を身につける場合の二つがある。いずれにしても、経験によって新しい行動様式を獲得することは、その個体がエサをとり、危険から身を守る上で非常に役立つはずであり、生き残るための適応力を高めることにつながる。特に、危険を回避する防御型の行動については、たった1回の経験であってもそれが死につながる可能性が高く、うまく生き延びた場合には次からは「そうしない」という行動をきちんと学習できるのには驚かされる。

〈3〉魚の学習能力

●魚をつかった学習実験

条件反射と試行錯誤という2つの学習様式についての違いをうまく説明するのは難しい。それは条件反射が、古典的条件反射から道具的条件反射まで、非常に広い概念を含んでいるためでもある。ここでは道具的条件反射と試行錯誤学習を同じものとして考え、実際に魚を使った実験をもとに、あらためて説明してみたい。

簡単な例として魚群行動学実験という大学の科目の中で毎年行なっている色彩弁別の学習実験をとりあげよう。水槽の中にキンギョを1尾いれ、実験魚として飼育する。図1のようにこの水槽の中で赤い皿と緑の皿を同時に提示し、赤い皿にはエサを置き、緑の皿には何も入れない。実験を始めると最初のうちは赤い皿と緑の皿をぐるぐるとのぞいて回り、赤い皿にのったエサを見つけるとついばんで食べる。どちらの皿に近づくかは二者択一の偶然であり、たまたまエサを遠くから見て、またはエサのにおいに気づいて赤皿に近づいて摂餌する。これを続けると、1日2回程度の試行でも3日目にはまっすぐに赤皿へ近づいてエサを食べることを学習する。緑の皿に近づいたと

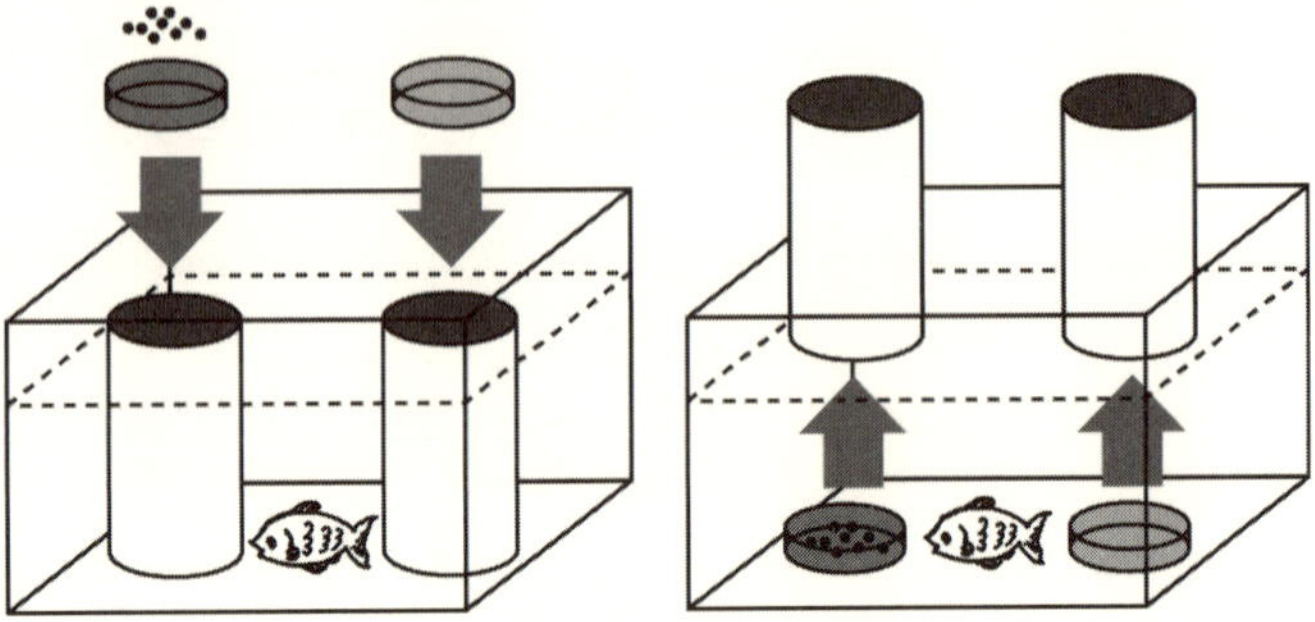

図1　色彩弁別の学習実験

き棒で追い払うような罰を与えると学習形成をもっと早くすることができる。

赤い皿からエサを食べるまでの時間をストップウオッチで測定し、成績をグラフに示すと図2のようになる。最初は偶然に赤皿に近づいてすぐに食べるような行動もあって成績はデコボコするが、1週間もすると緑皿への接近がなくなり、安定して短時間で赤皿から摂餌することが確認できる。この段階で判定実験に入る。判定実験ではエサを入れずに赤皿と緑皿を見せ、赤い皿に近づいてのぞきこむような姿勢を取ったところでエサを落としてやる。ここで、赤皿にエサがないとすぐに緑皿をのぞきにいくこともある。このように緑皿に近づいたときはすぐに棒で追い払って、赤皿に近づくのをまってすばやくエサを与える。この方法で赤皿に近づいてエサを待ち受けるという行動が確認できれば、エサの存在を視覚や嗅覚で認めてからの接近ではなく、赤い皿からエサをもらえるということを学習したものと判定できる。

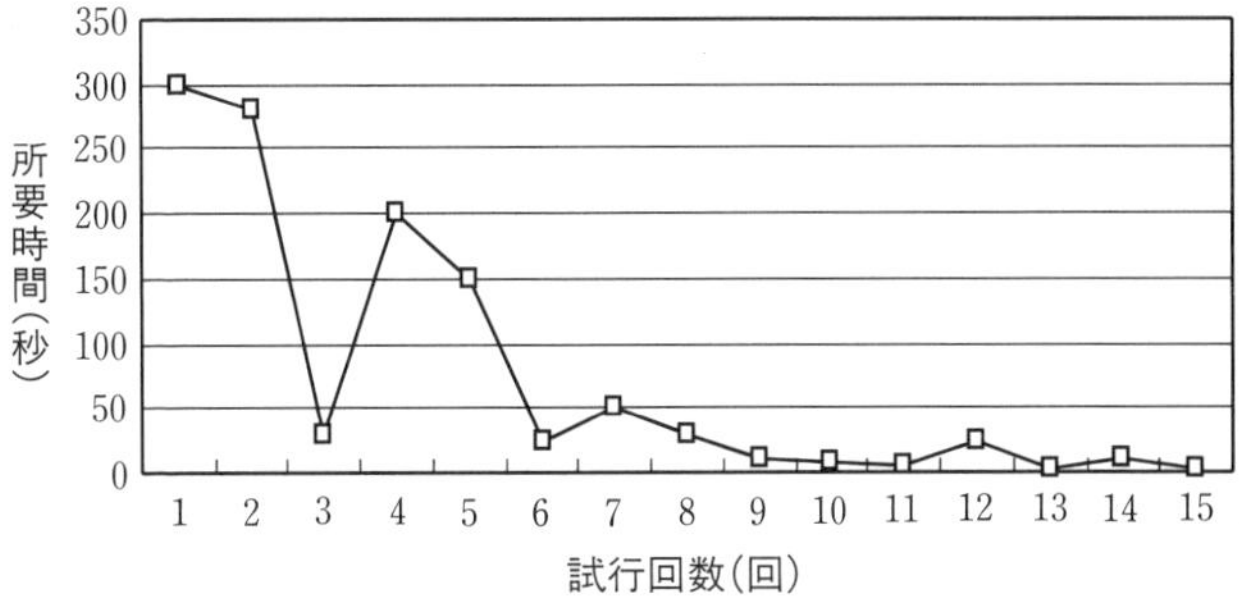

図2　赤皿からエサを食べるまでの時間

実験の本当の目的は?

ここまでであればキンギョに芸を覚えさせたというだけに終わってしまうが、実はこの実験はキンギョの学習能力を調べることが目的ではなく、キンギョが赤と緑を見分けていることを簡単に確認することにある。実際には色の3要素である、色相、彩度、明度の3つのうちで色相だけが異なる赤と緑という実験条件でないと正確ではないが、ここでは簡単に説明する。

学習実験はこのように魚の感覚能力を調べるための方法としてよく使われる。人間の場合であれば視力や聴力検査で、「見えていますか?」「聞こえていますか?」という質問に応えることで判定できる。魚が返事をしてくれればとは思うものの、そうもいかないので、「見えたらエサを取りに行きなさい」「見えないときに近づくと電気ショックを受けますよ」という報酬と罰で新しい行動を学習させ、どのような行動をとるかで判定することになる。

これとは別の方法として、人間でも他の動物でも、その刺激を感覚器官がどのように受けているかは、感覚器官で発生する電気信号を調べることで研究できる。しかし、刺激を受けていることと、それに反応するかは別の問題であり、ある刺激がどのように脳の感覚中枢に伝達され、刺激に対する反応としてどのような行動が起こされるかの一連の過程を理解するためには、感覚器、感覚神経、感覚中枢、運動神経、作動器までの何段階ものステップを踏まえた電気生理学の実験が必要となる。それに比べれば、学習実験はとても簡単で便利な研究手法である。

キンギョの実験では赤皿でエサを与え、緑皿に近づくと罰を与えて、赤と緑を識別するように学習を形成させており、学習形成過程、判定実験ともに報酬と罰による強化が行なわれている。これとは逆に忘れていく現象を消去という。いったんは赤皿に近づくことを覚えたあとで、エサを与えることをやめてしまうと次第に接近しなくなり、最初の頃のように赤皿と緑皿を交互にのぞきにいく行動をとる。また、実験そのものをやめてしまい、普通にエサを投げ与える方法を何日も続けてから再び赤皿・緑皿の比較提示を行なってみて、何日後まで赤皿に近寄る行動が残っているかを観察して消去過程を調べることもできる。こういった強化と消去に関する実験は、学習能力そのものにかかわる内容であり、本来の目的であった感覚能力を調べる以上におもしろいテーマである。

◎漁業や養殖の現場での学習の例

第II章の〈3〉でも述べたが、日本のまわりに海洋牧場を作ろうという計画がある。この事業では、稚魚を水槽や生簀で飼育している段階で、ある決まった音を聞かせながら給餌し、音によってエサを食べに来るように学習させている。

これは、池のコイに手を叩いてエサをやることで、水面に集まってくる行動を学習させるのと同じしくみであり、音とエサとを結びつけた学習の結果である。また、千葉県の鯛の浦で船べりを叩くとタイが浮上してエサを食べにくる行動や、生簀養殖でエサをやる船が近づくとエンジン音だけで水面に浮上してくるのも同じ理屈である。ただし、池のコイについては、空中で手を叩いても水中にはいったときの音の強さはわずかなものであり、人間が池に近づいてくる歩きが地面を通しての振動となること、そして池端に立ったときの姿が最も大きな信号になっているという説明もある。

実際に漁業の中で学習行動を利用した例としては、ブリの飼い付け漁法があげられる。ブリは日本の沿岸に沿って南下北上の季節的な回遊をするが、その途中に沿岸でしばらく滞在することがある。これを瀬付きのブリと呼ぶが、このような場所に錨を打ってブイを浮かべておき、エサをまいてやる。この方法で瀬付きのブリにエサ場を学習させて、しばらく足留めしておき、ある程度の群れが集まったところで釣りをして漁獲する。また、栽培漁業の事業としてシマアジという高級魚を生簀で育てているが、その後で海へ放流しても生簀のまわりに居付いて遠くへ行かないという「飼い付け型放流」も同じしくみに基づいている。

●釣り堀の魚はなぜ釣れなくなるか

以上の例は報酬による学習の例であるが、漁業の場でより顕著に観察される行動は防御型の危険回避学習ではないだろうか。よく言われる「釣り堀の魚が釣れなくなる理由」である。これについては、釣り落としを経験した個体が釣り針を回避することを学習するのではないかと言われている。いったんは釣り針にかかって釣り糸で思いきり引っ張られ、空中に引き上げられてから釣り糸が切れて落ちたような場合はかなりの罰を受けたと言うことができ、2度目からは釣針を避けようと慎重になることが十分に考えられる。その意味では、キャッチアンドリリースで逃がされる際に個体が受ける損傷やストレスも回避行動を学習する上での罰となるし、逃げのびた魚の行動様式は変化していくだろう。

また、釣れなくなる他の説明として、釣り上げられていなくなった仲間の様子から釣り針回避を覚えたのではないかという説もある。同じ学習でも自分の経験ではなく模倣行動とよばれるもので、次の項で説明したい。また、釣られやすい個体から釣られていって、残っている個体が釣られにくいものばかりではないか、あるいは、仲間個体がだんだん釣られてしまって少なくなることで残された個体がナーバスになっているのではないか等々、さまざまな説明があり、釣り人たちの意見も分かれるところだろう。

実際の漁業生産の場でも危険回避学習はしばしば話題になる。過去に問題としてとりあげられたのが、日本海での集魚灯を使ったサバ巻き網の例であった。集魚灯に集まっては巻き網で漁獲されているうちに、網から逃げた個体は集魚灯に集まらなくなるのではないかという疑問で、実際の確認は困難

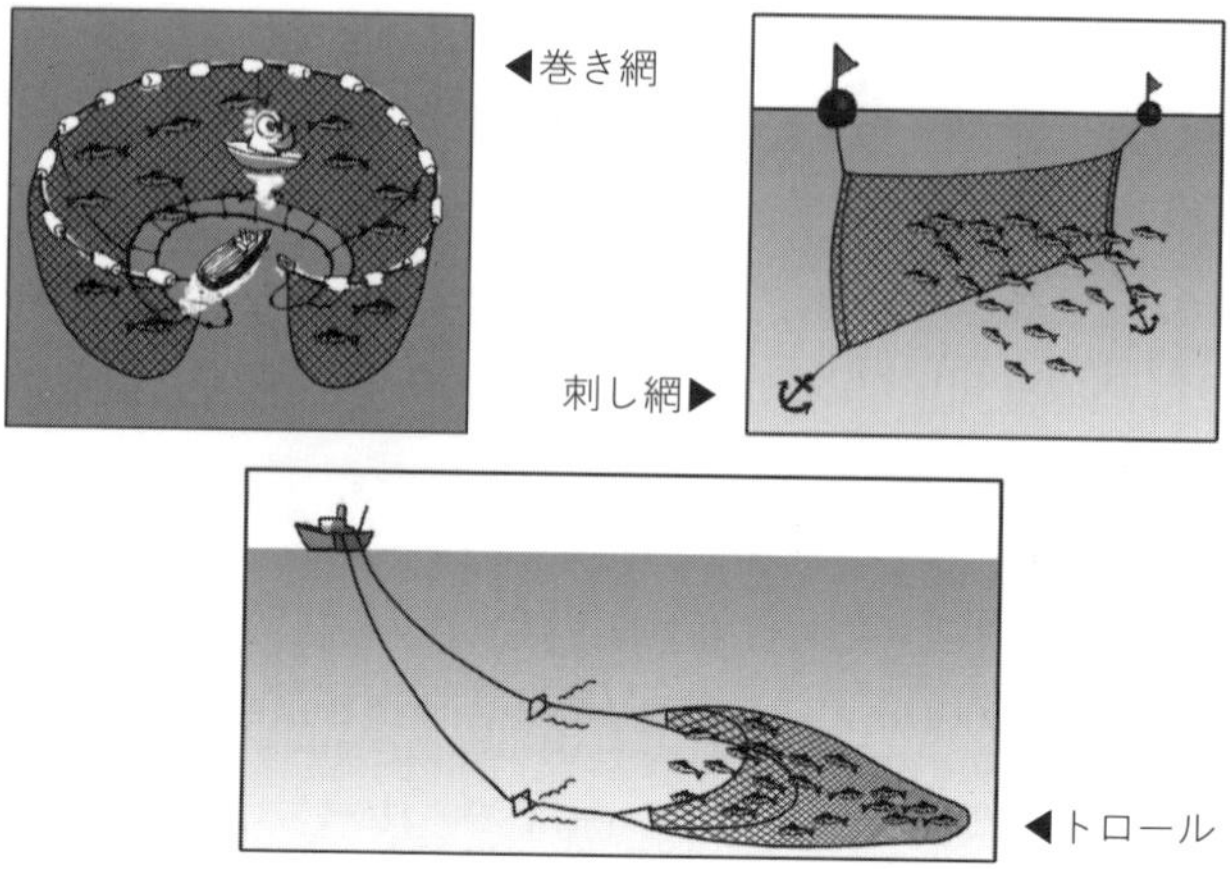

図3　漁業の形式3種

なことながら、集魚灯に集まらなくなる現象そのものが漁業者には大きな問題であり、漁場の水温や透明度、群れの性状、月明かりといった変化に加えて、漁獲されかかったという過去の経験によって行動そのものが変化する可能性を考えるのはおもしろい研究テーマである。

他にも、狭い漁場でたくさんの漁船がトロール操業をしている状況で、一度網に追いかけられた個体が取りにくくなるのは、漁具からの危険を学習して回避しているのではないかという説明もある。もちろん、一度網を引いたところに魚が少なくなっていれば漁獲量も少なくなるが、危険を受けた個体がそれ以後にナーバスになるということもありそうな気がする。ただし、遊泳能力の面から考えると、網に追われて大急ぎで回避した後は、次の網が来ても疲れていて泳げないので取られやすくなるという考えもあり、これも答えが出しにくい問題である。

漁業の中で最近話題になっているのは人工的に育てた稚魚を海に放した後に、簡単に漁具に獲られてしまう不合理漁獲の問題である。マダイのように各地で稚魚を放流して沿岸資源を増やそうという場合に、水槽や生簀の中で手塩にかけて育ててきた魚は人馴れしすぎてしまい、漁具を危険と認識して回避する能力に欠けているのではないかという議論である。実際に、放流したとたんに近くで遊漁者に釣られてしまったり、刺し網にかかったり、トロールで簡単に漁獲されてしまうという話を各地で耳にすると、放流場所の選定や放流時期を限った禁漁区の設定が必要であるとの意見にうなずけるものがある。

この話題は、サケの放流が開始された当時に、川から海に出たとたんに定置網に入ってしまい、網目に刺さって死んでしまうことが問題にされ、放流前に漁具や捕食魚という危険を回避できるように学習させようという提案があったのを思い出させる。昔からの疑問が新しい状況でふたたび登場してきたわけで、小さなうちに危険を回避するように覚えさせようという昔のアイデアを掘り起こして、もう一度挑戦してみる価値があるかもしれない。

〈4〉その他の学習行動

◎講義中の学生行動学

慣れとは「行動を起こさないことを学習する」というもので、本来は危険回避のために当然とっていた行動を、無害であるという経験の繰り返しによって不必要な回避をしなくなる適応的行動の一つである。動物が生きていくうえで意味を持たない反応を除去していく能力であり、意味のある行動を強化し環境への適応性を高めているほかの学習行動はとは逆の現象である。大学の魚群行動学の講義では、学習としての慣れについて以下のように説明している。

講義中に学生たちが私語を始めてざわついているときに「静かにしなさい」と言えばいったんは静まる。しばらくするとまたざわつき始めるので、二度三度と注意するうちに、学生たちは危害が及ばないことを知って、「静かにする」という反応をしなくなる。最近は携帯電話という余計な道具も現れて、先生も楽ではない。さて、教壇からの言葉での注意という刺激に慣れてしまった学生に対しては、大きな声で注意するとか、教室を回りながら注意を与えるといった新しい刺激が必要になる。それにも慣れてしまって、騒いでいる学生にはチョークを投げる、教科書を投げる、教卓を抱え上げて投げるといったより強度の大きい刺激を与えないと反応を起さなくなる。だから先生を怒らすなよ……と締めて説明を終わらせている。

動物行動学の教科書によく引用される例は、ニワトリやキジのヒナが頭上に動く物体に対して身をかがめたり、あるいは草むらに逃げ込む行動である。これは生まれながらにもつ警戒行動であり、ワシやタカのような上空から襲ってくる敵を避け、身を守る意味がある。はじめのうちは、落ちてくる木の葉やチョウ、小鳥あるいは頭上はるか上空の飛行機にまで反応して身をかがめるが、いつしか無害であることを学習して反応が弱まっていく。この慣れによって反応しなくなることで、不必要な動きを減らし、エサをとることに専念できることになる。しかし、見慣れない頭上の動きに対しては依然として身をかがめる行動を維持しており、臆病さをなくしたわけではない。猛禽類のように出会う機会の少ない敵に対して慣れが生じることはないし、一度でも襲われた経験があれば防衛行動はしっかりと強化され、はるか頭上の猛禽類の形を、ハトやカモのような危険のない鳥と見分ける能力があるという。

●魚の「慣れ」行動

さて、魚の行動の中で慣れについての例を考えてみよう。新しい水槽に移したばかりの魚は水槽の隅やものかげに隠れ、エサを食べ始めるまでに時間がかかるが、いつしか新しい環境に慣れていく。その状態でも、水槽の近くで人間が動くとすばやくものかげに隠れる。日をおうにつれ、通りすぎるだけで水槽に触らなければ、徐々に逃げ込む反応が弱まり、いつもどおりの平常な行動を維持するようになる。放流された稚魚が自然界に出てからの生存力が弱いのではないかというのも、警戒行動を失うほど人馴れした状態を心配しているわけである。網地や釣針といった漁具に対しても、本来は見慣れないものに対する警戒行動をもとに回避するものが、水槽や生簀の中で網地が無害であるいう経験を繰り返してしまい、慣れによって警戒行動、回避反応をしなくなることが考えられる。

慣れを「反応しなくなること」と定義したが、これとよく似た行動で試行錯誤によってある行動をしなくなるという学習もある。たとえば、トゲの多い魚を飲み込んでしまった経験は、次からはこれを食べないといった負の学習をする。これは防御行動、警戒行動の一つとして刺激に対する反応を積極的に変えた結果であり、これを慣れと混同してはならない。この負の反応を学習するしくみを使って、クジラやアザラシといった海産哺乳類が網にかかってしまうのを防ぐために、網漁具に音響発信機を取りつけておき、この音の近くに網があることを学習させて、その音を回避することで網に近づかないという学習をさせようというアイデアもある。

●たかがサルまね、されどサルまね

模倣とは、仲間の行動を見ることで、自分で経験を繰り返さずとも早期に学習を実現するもので、哺乳動物では群れの中での年長者の行動をまねするという適応的な意義が認められる。私たちはサルまね、ものまねという言葉であまりよい意味では使わないが、赤ん坊の行動は親の行動を模倣して完成していくものであるし、語学教育の話す訓練や、音楽、スポーツも模倣と繰り返しによって初めて上達するものである。

オウムやインコが人間の言葉を覚えるのも模倣行動であり、「オウム返し」というように、「オハヨー」や「オタケサン」という言葉が鍵刺激となって、その言葉を繰り返して発音したり、別の言葉を言い返すようになる。鳥のさえずりについても模倣が必要な場合があり、さえずりのコンテストに出すようなカナリアでは、上手にさえずる年長個体の近くに籠をならべて学習をさせるという。

群れで生活する動物の場合には、群れの中のある個体が偶然に獲得した行動が群れ全体に広まる過程が知られており、群れでいることの有利さが説明される。その行動が生活する上で有利に機能するものであれば、群れ全体が有益な行動を獲得することになる。日本では宮崎県の幸島《こうじま》にすむ猿のイモ洗い行動が有名で、子供のサルがイモを海水に落としてしまい、あわてて拾って食べてみたら塩味がついていておいしかったことから、他の個体にその行動が伝わり、群れ全体に広まったものといわれている。

◎模倣による魚の学習

魚の群れについても、エサを取る、敵から逃げるといった行動の中で、1尾の経験が群れ全体に広がって生き残りやすくなるという適応的意義がある。たとえば、試行錯誤学習で説明した赤皿と緑皿を見分けさせる実験では、1尾で学習させるのに4～6回の試行が必要であったものが、2尾以上にすると2～3回で正解の皿に近づくようになる。これは群れでいた方が活発であり、どれか1尾がエサを見つけることで他の個体が追従してエサを食べにくることによる。しかしこの実験では、後からついていった個体はエサを食べる行動に参加しているだけであって、正解の皿の色を学習したかどうかは分からない。そこで、キンギョを使って、あらかじめ赤い皿からエサをとることを学習させた個体を先生役とし、この水槽に新たに1尾を加えて、この個体がどのように赤皿からエサを食べることを学習するかを実験してみた。

赤皿と緑皿を同時に提示する方法で、赤皿だけにエサをいれておくと、学習の完了した個体はまっすぐに赤皿に近づいてエサを取る。この動きについて新参者も赤皿に近寄って一緒にエサをとるので、試行の初期段階でのためらいやウロウロするといったむだな探索時間がかからない。これを数日繰返してみると、あるときには新参者のほうが先に赤皿に近づくような場合もある。そこで、模倣行動によって新しい行動を学習したものと考えて、水槽から先生役の先輩をとり出し、新参者1尾だけを残して実験をしてみる。すると、まっすぐに赤皿へ寄ることもあれば、あるときは緑皿をのぞいてから赤皿へ向かうといったかたちで、実は完全な学習はできていないことが分かった。しかし、そのまま1尾にしてからの実験を続けると、ゼロからの学習に比べて短い日数で学習が完成することから、模倣行動による学習があったものと考えた。

この実験については、卒業論文のテーマとして何回か挑戦しているのだが、模倣による学習の成果について実際はなかなかはっきりとした結果が出せないでいる。先生役と新参者の組合せ尾数を変えてみたり、隣の水槽にいる魚の動きを見学して新しい行動を学習できるものなのか、テレビ画面を使って実験はできないだろうかとアイデアばかりが先行している状況である。

●鳥のヒナで有名な「刷り込み」

学習行動の最後にあげる刷り込みは、コンラート・ローレンツがハイイロガンのヒナを飼育して観察したもので、あえて説明するまでもないほどよく知られるようになった。鳥のヒナが孵化直後に目にした移動するものを親として認識するしくみであり、臨界期と呼ばれるある限られた期間内に、たった一度の経験で学習するという効率のよい学習行動である。自然の通常の環境であれば、卵からかえったときに最初に目にするものが卵を抱いていた親鳥であることが当たり前で、不思議でもなかった現象に違いない。ローレンツは自分を親として刷り込ませ、歩いたり走ったり、そして泳ぎながらヒナたちがついてくる様子を観察している。

もちろんどんなものでも親として刷り込みが可能なわけではなく、大きすぎるもの、小さすぎるものや、動きの速いものには反応しないので、まちがえて自動車についていくというような事態は起こらない。その意味では、何を学習するかという条件について、ある範囲までを許容するようなしくみができており、遺伝的に定められているのは確かであろう。

１９９６年に公開された『グース』という映画は、カナダでの実話をもとに作られたもので、開発のために伐採された森で見つけたガンの卵を孵化させて親代わりになった少女が、越冬のためにフロリダまでの５００マイルを軽飛行機で誘導するという内容であった。１９９７年には国際保護鳥であるアメリカシロヅルを守るために、越冬地であるニューメキシコまで飛行機で先導したとのニュースもあり、野鳥保護の技術として実用化されてきたようである。

刷り込みについては鳥類のヒナについての特別な学習として定義されており、魚の話題を紹介するのは難しい。しかし、生まれてからのある限られた時期の経験で学習するということに注目すれば、サケの稚魚が母川のにおいを学習してから海へ出て行き、大回遊から帰ってきたときまでそのにおいを覚えていて正しく母川へ戻ることについて、刷り込みを拡大解釈して説明することもできる。

しかし、刷り込みに限らず、ここで学習例として紹介した話題の多くが動物行動学のテキストに引用されている哺乳類や鳥類に関する内容であり、魚の学習について自然界で観察された行動、あるいは漁業や養殖の現場で直接に通用する知識は限られていると言わざるを得ない。しかも、その数少ない例についても学習に関連した行動特性として完全に説明できるわけではなく、残念ながら動物行動学の教科書の世界とは大きなギャップが残されている。実際には多くの興味ある事例があるはずであり、それらに動物行動学からの光を当てていくような新しい研究の展開を期待している。

IV

魚の泳ぎ方

〈1〉泳ぎ方のさまざま

魚が泳ぐのは当たり前といってしまえば、何の不思議もないかもしれない。しかし、どれだけ速く、長く泳ぎ続けられるのかを考えてみると、魚の種類や大きさによってそれぞれ泳ぐ能力が違っており、そのしくみについて考えることの大事さも分かってもらえると思う。

多くの動物にとって、生きていく上で移動するという特性は重要な部分を占めている。エサを探したり、敵から逃げたりという毎日の生活から、成長や繁殖のために季節をおって大移動する渡りや回遊にも関係するからである。

私たちが地面の上を歩く、走るという行動に比べて、鳥の飛翔と魚の遊泳は不思議なものであり、そのしくみはアリストテレスの時代からの疑問であった。魚であれば広い海をまわって成長し、また深い海に潜り、あるものは川をさかのぼっていくというように多様な生態を支えるものが泳ぎ方のしくみである。そして、漁業で魚を捕るための技術を考える上でも大事な研究となっている。それでは、魚の泳ぎ方の不思議に迫ってみよう。

◎動物にとっての泳ぎ

私たちが泳ぐときにはいくつかの泳法があり、子ども時代に親に教えられ、学校の体育の時間に習ってきた。それぞれの泳法で手足の使い方や息継ぎの方法も異なり、速さも違い、長く泳ぎ続けられるかどうかという点でつらさも違ってくる。これに対して、多くの四足動物は4本の脚を動かす「犬搔き」で泳ぐ。人間の赤ちゃんを水にいれると、水中で大きく目をあけて犬搔きで泳ぐ。短い時間ではあるが、息を止め、水を飲むこともない。人間も基本的な泳ぎ方は犬搔きであって、成長するにつれて水の怖さを知り、習わなければ泳げなくなってしまうのだといわれている。速く泳ぐためには顔を水につけた泳ぎ方を覚える必要があるが、息継ぎの難しさで落ちこぼれてしまう人も多い。陸上で2本足で歩き、空気を吸って生きている私たちにとって水の中を移動することは訓練なしではできなくなってしまっているのである。

魚にとっては水中で生きることが自然なのであって、からだを動かして水を後ろに追いやることで、反作用としての前向きの力を得て前進する。しかしその動かし方は魚種によってさまざまであり、敵から逃れるときの瞬発的な動きや、ゆっくりとした持続的な動きまで多彩なバリエーションが見られる。

からだの動かし方

魚の泳ぎ方の中で私たちが最初に思い浮かべるのは尾を動かすことによる前進移動である。水槽の中のグッピーやメダカ、池のコイやキンギョ、そして水族館で目にする多くの魚が尾ビレの規則的なあおぎ振動で前に進む。

しかし、この泳ぎ方の中でも魚体の形によって前進の上手さが違ってくる。たとえば池のコイが泳ぐ様子を思い浮かべてもらいたい。ゆっくりと泳いでいるときにはからだ全体を動かして泳ぐ。そのときに、尾だけではなく胴体の部分もいっしょに左右に動き、そして頭の部分は反対側に左右に振れている。

実はこのような泳ぎ方では、前進するときに水の抵抗が大きくなり、せっかくの尾ビレの動きによる前向きの力が減らされてしまう。コイでも急いで泳ぐとき、たとえばエサを投げられた場所へ大急ぎで向かうときには頭の左右の振れは小さくなるが、それでも胴体の後方は大きく、力強く左右に動

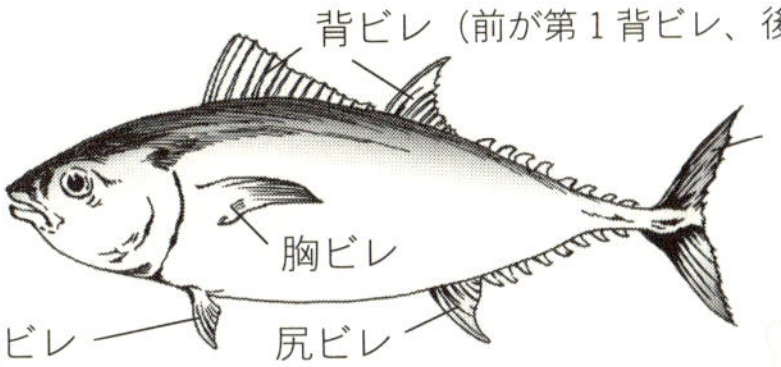

図1　マグロの魚体形状

き、前進のためにはなるが同時に抵抗も大きくなってしまう。

このように尾を動かして進むときのからだ全体の動き方を考えると、尾ビレを動かすための支点となる場所が胴体のどこかにあり、そこを基点にしてからだの後方側が動いて、後端にある尾ビレを動かしている。この反作用として、支点より前の頭の部分が反対側に動くことになる。無駄な動きのない効率のよい泳ぎ方は、尾ビレを左右に振動させるための支点ができるだけ後ろにあり、しかもからだの前方が振れない方法である。これがマグロやカツオの仲間の泳ぎ方である。図1のマグロの魚体を見て分かるように、胴体から尾ビレにつながる部分は細くなっており、この尾柄部《びへいぶ》とよばれるところを支点として尾ビレを振動させている。この動きは船がプロペラを回転させて進むようなもので、尾柄部が固定されたプロペラシャフトの役割をしている。マグロの仲間は筋肉の機能や体温維持といった面でも高速遊泳、長距離遊泳に最も適した進化を遂げている。魚体の形状だけから見ても水中を進むのに最も抵抗の少ない紡錘型をしており、前進運動の力を生み出す尾ビレの形状や硬さもすぐれたものになっている。また、ほかのヒレは、通常は前後、左右といった魚体の振れに対してバランスを保ったり、ときには急停止や急旋回のために使われるが、これらも高速遊泳のときには抵抗となってしまう。そこで、マグロの仲間は尾ビレ以外を魚体にぴったりと密着させ、鞘《さや》におさめたようにして抵抗を少なくする工夫もできている。

これらマグロやカツオの仲間についで泳ぎの上手なものが、アジやサバといった小型の表層性回遊魚である。やや偏平した紡錘形をしていて、同じように尾ビレを主体とした動きで前進する。これらに比べるとタラやサメの仲間、そしてコイのような魚種では尾ビレ振動の支点が胴体の中央にあり、力強さはあるものの、からだ全体が動いてしまう泳法のために長時間の高速遊泳には適していない。

からだ全体を動かして進む魚種としてはウナギやアナゴのように長いからだをもつものがあり、全身をくねらせて前に進む。このからだのくねりはいくつかの湾曲部分がつらなったようになっており、くねりを後方へ送る方法で、湾曲した魚体のひとつひとつの部分が後方へ水を追いやり、その反作用として前進の力を受けている。

ヒレを使って泳ぐ魚

こういった泳法とは違い、ヒレだけを使って泳ぐ魚種も多い。からだ全体を動かす泳法に比べるとやたらいそがしそうには見えるが、実際は力強さに欠ける。フグの仲間にハコフグという種類がいる。からだが硬い箱のような形状をしており、尾ビレと胸ビレをいそがしく動かして前進する。他のフグの種類やカワハギの仲間もこの泳法に含まれるが、からだの硬さはハコフグほどではなく、泳ぎ方もすこしはスマートであり、背ビレと尻ビレを波状に動かして進む。この動きをもっと極端にした魚種として、たとえばエイでは翼状の胸ビレを使い、そしてモルミナスという淡水魚の背ビレやデンキナマズの尻ビレはリボンのように長くつながっており、これを波状に動かして進む。機能的にはウナギの屈曲運動と同じで、ヒレの波状の動きが魚体の後方へ送られ、この動きで水を後方へ追いやって前進運動の力を得ていることになる。このような魚種では、ヒレの波状の動きを前向きに切り替えて後退することもすばやく行なえる。この動きは、尾を激しく動かしてパワフルに進む魚種とは別の意義があり、小回りをきかせることを重視した移動方式となっている。

このように魚の泳ぎ方を分類して説明してきたが、実際にはゆっくりとした泳ぎ、必死の泳ぎといった状況によって、同じ魚種でもいくつかの泳ぎ方を使い分ける場合の方が多く、それに応じて次に述べるヒレの役割、そして筋肉の機能が関係することになる。

ヒレの使い方

魚が水中を進むための泳法にもさまざまな種類があり、からだ全体やヒレを使って水を後方へ送り、その反作用としてからだを前に進ませることを説明してきたが、ここであらためてヒレの役割と魚体の形状について説明しよう。

117ページのマグロの図を見直すと、からだの横、エラの後方に左右の胸ビレがある。この胸ビレはほかのヒレと違う点として、基点を中心として自由に動かせるようになっており、遊泳中のからだの前後左右のバランスを微調整するのに使われる。高速遊泳のときにはこれを閉じて抵抗を少なくすることを説明したが、逆にこれをオールのように動かして前進、後退したり、あるいは大きく広げて水の抵抗を受け、急停止や急旋回のときにも利用される。右に回転するときには左側の胸ビレを閉じたままで、右側の胸ビレを大きく広げて抵抗を増し、前向きの力を右旋回に切り替える。また、からだの比重が水よりも重いような魚種では、水中のある一個所にとどまっているときに胸ビレを上手につかって、私たちが立ち泳ぎのときに手で水をあおるのとおなじ動き方で水中に静止する。

腹ビレも対になっていて、からだの横揺れをふせぐ役割、あるいは上下の動きにブレーキをかける役割をもっている。泳ぐための役割とは別のものとして、ハゼの仲間では腹ビレが吸盤状になっていて、水槽で飼っているとガラス面にくっつく様子を観察できる。

背ビレは魚種によって形状や構造はさまざまであるが、泳ぐ上での一般的な機能としては大きく広げた状態でからだの左右への回転揺れを押さえることにある。ゆっくりとした通常の泳ぎのときには、尾ビレの左右への振動運動に対応して、からだ全体が右へ、左へと揺れて傾いてしまう。このむだな動きをなくすように背ビレで調整がなされる。逆に言うと、尾ビレを動かすときに、からだ全体の揺れを少なくするような調整を気にせずに、前進のための力強い動きだけに使えることにもなる。もちろん高速遊泳のときはぴったりと閉じて抵抗を少なくするようになっている。背ビレの形状としては、魚体の前から後方へ一列につながっているものや、その一部だけにあるもの、または第1背ビレ、第2背ビレと分かれているものがある。

マグロの仲間では背ビレと尻ビレが終わった後方に小さなヒレが並んでいる。これは、前進するときに魚体のまわりにできる水の乱れを押さえる役割があるとされている。

こういった形状とは別に、構造としてもヒレのかたちを保つためのスジがはいっているが、トゲ状になっているものでは大きく広げたときのヒレのかたちを保持するのに役立っている。図2に4種の魚を示したが、バショウカジキのように立派なヒレを立てたり、イトヒキアジのようにおしゃれなヒレをもつもの、そしてカサゴの仲間のようにヒレが毒のあるトゲになっていたりとさまざまである。サケの仲間のように脂《あぶら》ビレという小さな突起をもつものもあって、なぜそのような特化したヒレになっているのか分からない場合のほうが多い。

からだの後方、下側にある尻ビレも対になっていない1枚ものの構造で、広げた状態でからだの回転や横揺れをふせぎ、平衡を保つ役割がある。ま

図2　魚によるヒレの違い

た、背ビレや尻ビレが長くつながった形状をもつ魚種では、波状に動かして前進、後退に使うことをすでに述べた。

●尾ビレの動き

さて、最後になったが、泳ぐときの力の主体となるのが尾ビレである。これを左右に振動させて前進するわけだが、水をどのようにつかんで後方に送るかがヒレの形状や硬さによって異なってくる。この尾ビレの動きは団扇《うちわ》や扇子《せんす》で風を送るのと同じであるが、空気では水と違って密度がわずかであるために、自分が動くほどの反作用を受けることはない。

さて、キンギョの種類でリュウキンやランチュウといった仲間が水槽で優雅に泳ぐ様子を見ると、泳ぐときに豪華に開いた尾そのものが水になびいてしまっており、これでは水を力強くつかんで後ろに送ることにはならない。キンギョの中でもワキンと呼ばれるものでは、原生種のフナに似た形態で、鮒尾《ふなお》と呼ばれる魚らしい尾ビレをもつ。品種改良の結果として作られたリュウキンやランチュウでは、前進するための役割を無視して、豪華な見栄えのする尾ビレの形を作りだしたのであって、これでは実際に流れに向かったり、敵から逃れるのには役に立たない。水槽の中で生きる鑑賞魚として特殊化したものなのである。

それではどのような尾ビレの形状が力強く、速く泳ぐのに適したものなのだろう。ワキンやフナの尾ビレが鑑賞用品種よりも泳ぐのに適していることを説明したが、実際には尾そのものは柔らかく、力強さには程遠い。同じ淡水魚であれば、ウグイやアユのように渓流に棲む魚のほうが流れに向かって泳ぐのに適した二股に分かれた形状と、ある程度の尾ビレの硬さをもっている。こういった魚の尾ビレの使い方を見ると、ただ単純に左右に振動させているわけではなく、左右の限界に近いところまでいくとあおり上げるような動作も含まれていることが分かる。これは実は団扇と扇子の使い方にも関係し、団扇では単純な往復振動であるのに対して、扇子の場合はひねりが加わった微妙な動かし方となる。前向きの力を極限まで引き出す方法を使い、同時に流れの変化に即座に対応できるような微調整能力も発揮できるようになっているのである。

海の魚には扇形や二股の尾ビレをもつ種類は多いが、特に高速遊泳に適した形が最初に説明したマグロの仲間である。水をつかんで後方に送るという目的のためには、大きなヒレを大きく動かす方法が私たちの考えるベストのような気がするが、実際には抵抗が大きくなってしまい、エネルギーの無駄が多くなる。マグロの仲間のような三日月や鎌状の尾ビレの方が抵抗も少なく、しかも自分が前進しながら激しく振動させることで最大の効率をあげることができるようになっている。

〈2〉泳ぐ速さと筋肉の使い方

泳ぐ速さを比べると

魚の遊泳速度を測定した研究は1950年代から論文として発表されてきている。泳ぐ能力としては速さだけではなく、その速さをどれだけ持続できるかが大事である。そこで、疲れることなく泳ぎ続けられる速さを巡航速度と呼び、これに対して瞬間的に高速で泳ぐときの速さを突進速度と呼ぶ定義が提唱されていた。しかし、10センチの大きさのコイと、1メートルのマグロを比べれば、大きなマグロの方が速く泳ぐのは当たり前である。そして、同じ魚種でも成長してからだの大きい方が速い。この魚種や大きさの違いを標準化するために、図3のように1秒間に魚の体長の何倍だけ進むかを考えた速度単位である魚体長倍速度で表す方法が採用された。

巡航速度は紡錘形の魚種では1秒間に魚体長の2〜3倍、またサケ類では3〜4倍である。この値は、10センチのコイで1秒に20〜30cm、1メートルのマグロで2〜3m、サケで3〜4m進むことになる。これを時速に直すと、コイで0・72〜1・08km、マグロで7・2〜10・8km、そしてサケでは10・8〜14・4kmに相当する。

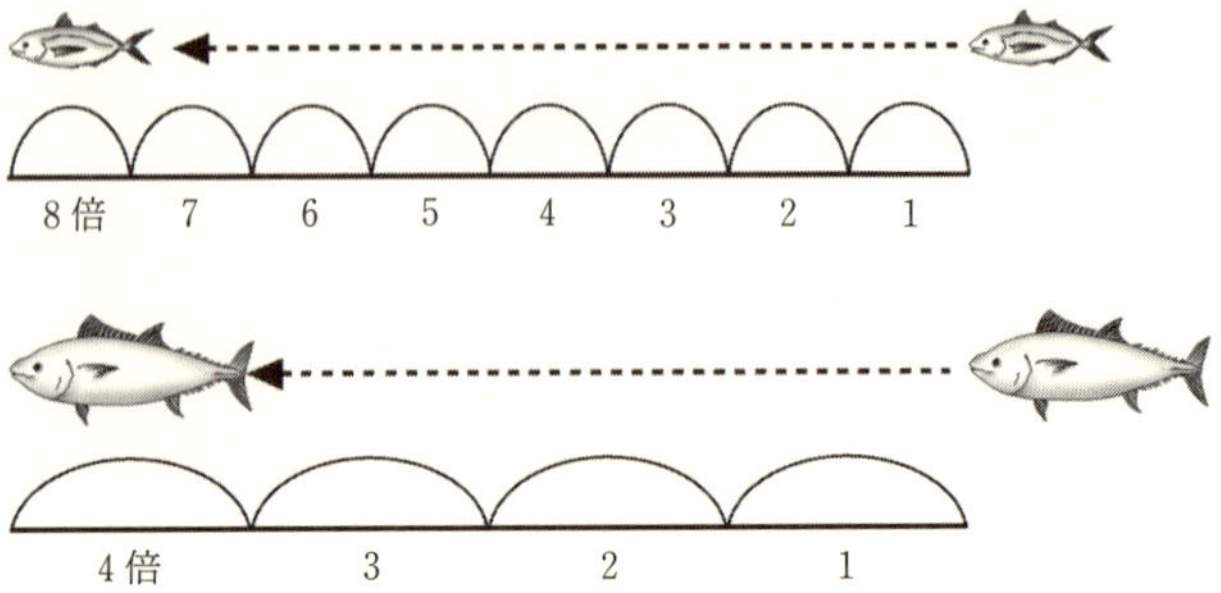

図3　魚体長倍速度の考え方

私たちの歩く速度を1時間に4キロとすると、小さなコイよりも4倍も速く、そして1メートルのマグロやサケに対しても2分の1から3分の1といった程度であり、魚の泳ぎがさほど速いとは思えないかもしれない。しかし、この巡航速度を考えるときに大事な点は、魚がこの速度であれば決して疲れないというところにある。私たちはどんなにゆっくりと歩いていても何時間かすればかならず疲れはじめて、もっとゆっくり歩くか、それとも休憩をとらなければならない。何日間も歩き通し、走り通しということは不可能である。これに対して魚の場合は、海を大回遊する魚種に代表されるように、休むことなく数百、数千キロを泳ぎ続けるのであって、長距離の持久競争では私たちがとてもかなわないことになる。

●短距離での勝負

さて、それでは短距離の競争で比較してみよう。私たちの走る速さで100メートル走の世界記録を10秒とすると、秒速で10

m、時速では36㎞となる。人間は泳ぐのには適していないと最初に述べたが、この短距離走の速さを水中で出すことは不可能である。泳ぐ速さについても100メートル自由形の世界記録として50秒を考えると、走るときの5分の1の速さで1秒に2m、時速にして7・2㎞となり、1メートルの大きさのマグロの巡航速度とやっと同じになる。

　魚の短距離競泳を考えると、数秒間という瞬間に発揮できる突進速度については魚種の違いにかかわらず1秒間に魚体長の10倍程度とされている。これもかなり大まかな数字であり、この数値をきちんと求めていくための研究も進んでいるが、ここでは簡単に1秒間に魚体長の10倍だけ進めるものと考えよう。この方法では、10センチのコイで1秒に1mとなり、人間の世界記録保持者の半分であり、私たちが50メートルを50秒で泳ぐ普通の速さである。競争相手が10センチのコイでは、ちょっと情けないと思うかもしれないが、がまんしていただこう。1メートルのマグロやサケであれば突進速度は1秒に10mとなり、私たちがとうてい太刀打ちできない高速になってしまう。数秒しか持続できないものを時速に直すのもおかしいが、私たちが実感しやすいように換算してみると、10センチのコイで3・6㎞、1メートルの魚では36㎞となる。人間の走る例で、マラソンのような長距離走では時速にすると25㎞程度であり、また100メートル走の記録を時速に換算すると36㎞で、陸上であればなんとか競争できるところかもしれない。

私たちが短距離走の速さでは長距離を走りきれないように、魚の突進速度はわずか数秒間という瞬間的な動きにのみ対応する泳ぎ方である。エサを追いかけるときや、危険を回避するときにだけ利用されるのであって、いつもはゆっくりとした疲れない速度で泳いでいる。その動きを見て、これはつかまえられるかなと思っても、いざというときには突進速度で逃げ始める。私たちがどんなにがんばっても、海で泳ぐ魚を手づかみできない理由はここにある。

◎赤身の魚と白身の魚

魚の泳ぐ速さについて、巡航速度が魚体長の2〜4倍、突進速度が10倍というなら、その間はどうなっているのかという当然の疑問がある。その後の研究の進展により、実際の魚種別の速度を考えるのにおおまかな2段階の分類では不十分となり、新しい定義が登場した。これは筋肉の生理に関する研

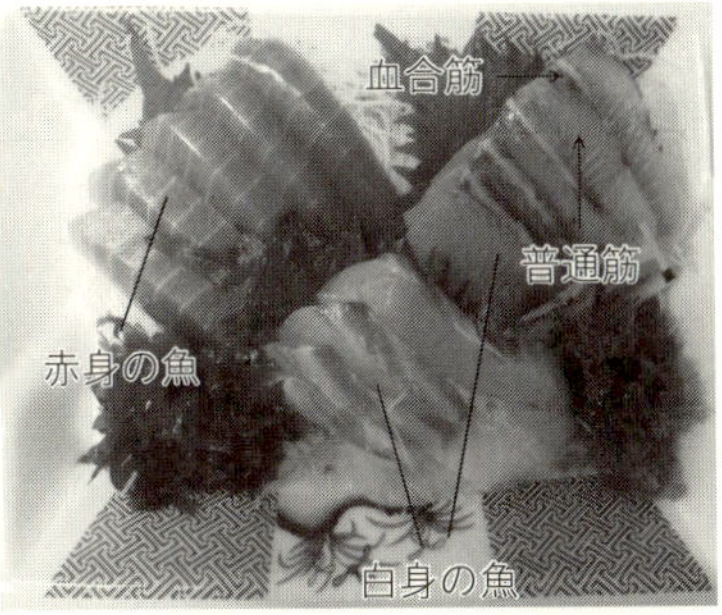

図4　魚肉の違いと2種類の筋肉

究結果をもとにしており、魚がもつ2種類の筋肉の機能的な分業から、持続速度、中間速度、突進速度の3つに分類する考え方が定着した。この分類の説明に入る前に、まずは魚の筋肉の話から入ることにする。

魚類の筋肉といっても、要は魚肉のことである。焼き魚や煮魚をむしったり、お刺身を食べるときに、しげしげと観察してもらいたい。図4は刺身の3種盛り合わせである。モノクロの写真では分かりにくいが、食べる立場から魚を考えると、赤身の魚と白身の魚に分けることができる。マグロやカツオのように真っ赤な色、そしてブリやアジ、サバ、イワシなどのように赤味がかった色の肉を持つものが赤身の魚と呼ばれ、海の表層を泳ぐ魚種のほとんどがこの仲間である。これに対して、コイやフナのような淡水魚、そしてイシダイやメジナのような磯魚、ヒラメやタラのような底魚の肉の色は白く、これらが白身の魚と呼ばれる。この分類は食品としての保存や加工のために重要で、赤身魚は長期の保存が難しいのに対して、逆に白身魚は日もちがよく、またカマボコのような加工食品としての利用が多い。

この色の違いは血液中のヘモグロビンや筋肉中のミオグロビンといった色素の量によるものであるが、実際に赤身魚だとか白身魚だとか言うのは見た目の色合いで大まかに分類したもので、食品としての扱いと生理学や生化学による分析結果とがきちんと整理されているわけではないらしい。

おもしろいのはサケの仲間で、赤でも白でもない、ピンク色の肉色をしている。生化学的には赤身の魚に分類されるが、ミオグロビンを含まないという点からは白身である。また川にいるときには白身の肉であるのに、海に出て大きく育つとピンク色になる。エサの違いによるという説明もあるが、まだ分かっていない。川で生まれ、海で育ってからふたたび川に戻るという不思議な生態をもつに至った進化の過程で、淡水魚と海水魚の2つの機能をあわせもつことになったのかもしれない。

さて、赤身魚と白身魚という分類で魚肉の色の違いを比較してみたが、ここで魚肉といっているのは筋肉の中の普通筋とよばれるものの色を考えている。脊椎動物の筋肉には骨を支え、動かすための骨格筋と、内臓筋・心臓筋とがある。魚類の骨格筋は体側に沿って筋節《きんせつ》とよばれるW字状の構造が連な

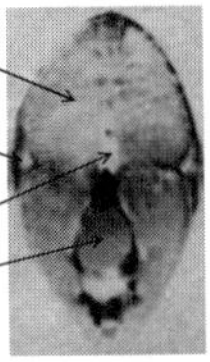

図5　マアジの筋肉（断面図）

っており、この全体を体側筋という。図5にマアジの例を示したが、筋節の表面には赤味をおびた部分があり、これが血合筋である。この内側にある大きな割合の部分を普通筋と呼んでいる。血合筋の割合や赤味の強さは魚種によって異なるが、おおむね赤色であり、赤身魚も白身魚も大差はない。話が長くなってしまったが、白身魚と赤身魚の肉色の違いは、体側筋の中の普通筋の色の違いを比較していることになる。

●筋肉の使い分け

魚類の体側筋には血合筋と普通筋の2種類の筋肉があり、それぞれが違った機能をもって遊泳運動に関係する。血合筋を赤筋、普通筋を白筋と呼ぶこともあるが、普通筋の赤身、白身とは別の話である。

血合筋が赤いのは血液成分を多く含んでいるためであり、第2の肝臓とよばれることもある。血液からの酸素供給を受けるために活動し続けても疲れない。これに対して、普通筋は筋肉中のグリコーゲンを分解して活動のエネルギーを得ており、乳酸の蓄積によってすぐに疲労する。

実際には普通筋のほうがはるかに大きなボリュームを持ちながら、敵から

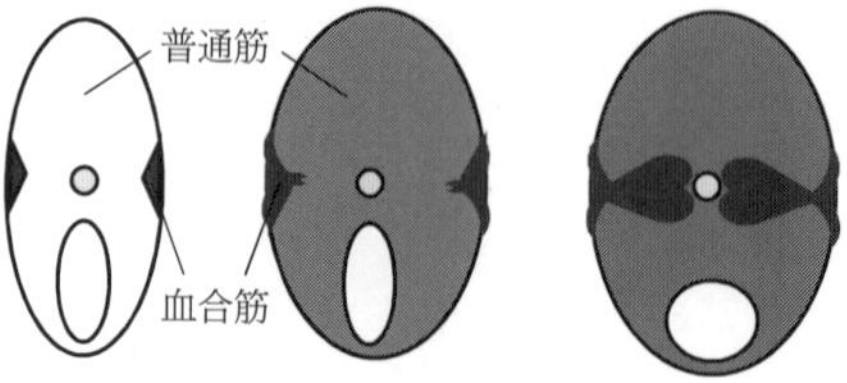

図6　魚による血合筋の違い

逃げたり、エサとなる小魚を追いかけたりという高速遊泳のときにだけ使われるわけで、いざというときの大きな補助エンジンだといえる。普通筋と呼びながら普通ではなく、いざというときにしか使われないというのもおかしな話だが、決まった用語なのでしかたがない。メインエンジンは小型で効率的な血合筋で、普通筋に比べるとわずかなボリュームでありながら、いつもの遊泳ではこちらを主に使い、一生泳ぎ続けても疲れない。このようにして2種類の筋肉を使い分けている。

普通筋の色の違いが白身魚と赤身魚の違いであることを説明したが、赤身魚の場合は普通筋でも血液成分が多いわけで、いざというときの全速力の泳ぎの中でも、赤身魚のほうが疲れにくいのかもしれない。血合筋についてであるが、図6のように白身の魚では表面にうっすらと、申しわけ程度に存在する程度であるのに対して、赤身の魚では真正血合筋というしっかりとまとまったかたちでみられ、カツオ・マグロ類であれば脊椎を包み込むようにさらに深く発達した形態になっている。

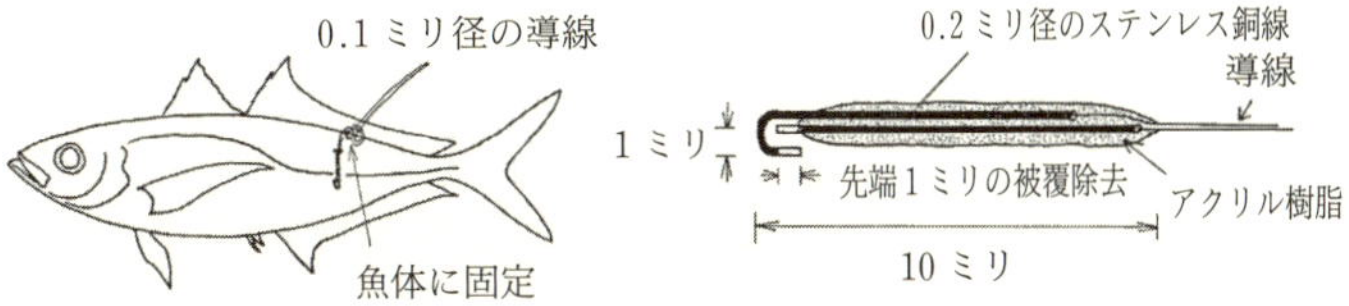

図7　筋電図測定用の電極と取り付け方

このように普通筋、血合筋のそれぞれの赤さの程度やボリュームで競泳選手としての能力が違ってくるわけである。磯魚や底魚では、血合筋が少ないことからいつもはあまり活発に泳がず、大きな割合の白色の普通筋でいざというときに大急ぎで敵から逃げ、エサを追いかけるが、そのような全速での泳ぎは短時間しか続けられない。海の回遊魚の場合は、発達した血合筋を利用して活発に泳ぎ続け、また赤味の強い普通筋でいざというときにも長めの全速力が出せるようになっている。

●筋肉の動きを電気ではかる

このような2種類の筋肉がどのように使い分けられているかを説明するために、それぞれの部分が活動する様子を、実験結果から示してみたい。筋肉が活動するときにはその部分に電位が発生している。これを測定したものを筋電図という。もちろん電位とはいっても、1ボルトの100分の1という微小な値なので、アンプで増幅して測定する必要があるが、基本的にはテスターで電池の電圧を測るのと同じ方法である。

私たちは魚の筋電図を測るために図7のような釣り針型の電極を使ってい

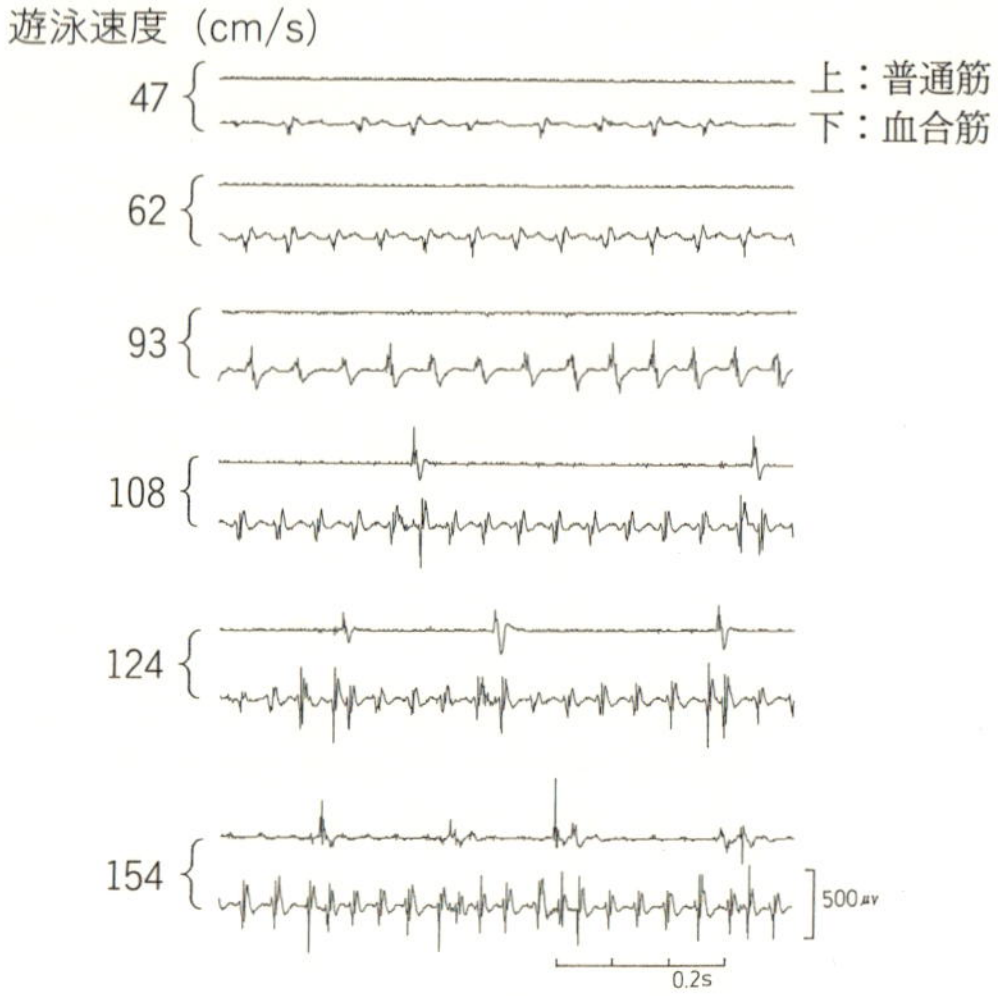

図８　遊泳速度の違いによる筋電図の変化

る。筋肉に刺し込むと曲がった部分が肉にかかって抜けにくくなる。この曲がった部分と柄の部分の間に１ミリのすきまを作り、ここの間で電位を測定することになる。この方法で血合筋と普通筋から同時に筋電図をとって比較することで、遊泳速度による２つの筋肉の機能分業を確認することができる。図８は体長16㎝のマアジについて流れの速さを毎秒47㎝から１５４㎝まで６段階に変化させ、その流れの中で泳いでいるときの血合筋と普通筋の活動を見たものである。毎秒93㎝の速さまでは血合筋の信号だけが現れており、１０８㎝の速さで初めて普通筋の活動が読み取れる。

これは魚体長倍速度にして６・７に相当し、このあたりに血合筋を利用した低速遊泳と、普通筋利用の高速遊泳との境界のあることが理解できる。この境界速度を持続して泳ぎ続けられる最大の速度段階として、最大持続速度と定義している。トロールのように網を引いて魚を集める技術への応用を考える上で、網と魚の競争という意味では、疲労するかしないかの境界となる速度は重要であり、魚種や成長段階別に、また、環境水温や個体履歴別に最大持続速度を求めていくことが私たちの研究課題の一つである。

なお、一般には、この最大持続速度は白色の普通筋をもつタラの仲間やコイでは魚体長の1〜2倍と低い値であり、マアジのように赤味を帯びた普通筋をもつ表層回遊魚で高くなる。

〈3〉泳ぎ方の分類

●泳ぐ速さの分類

さて、ここまで筋肉の種類と機能について紹介してきたが、あらためて魚の泳ぐ速度を筋肉の生理学的特性から整理しなおしてみよう。表1を見ていただきたい。

魚の泳ぐ速さには、大きく分けて持続速度、中間速度、突進速度の3つがあり、昔の考え方での巡航速度と突進速度の間のあいまいさが解決された。特に、持続速度と中間速度の境界に最大持続速度という定義を加えて、筋肉の特性による生理学的な意味を与えられたことが大きな違いである。

持続速度とは血合筋だけの活動によるもので、理論的には疲労することなく泳ぎ続けられる低速遊泳であり、通常の生活ではこの速度段階が使われる。魚体の比重が水より大きい魚種については、泳ぎをやめると沈んでしまうが、魚体が沈まないような上向きの力を得るための最小遊泳速度も計算で求められ、持続速度の最小値となる。また、持続速度の最大値として、普通筋が関与し始める前段階の限界速度が最大持続速度となる。

中間速度については、血合筋を主体としながら普通筋が徐々に利用され始

表1　遊泳速度の段階分けと筋肉の働き

遊泳速度	速度の説明と筋肉の働き
最小遊泳速度	魚体が沈まない最低限の前進速度。血合筋のみを使用。
持続速度	血合筋による疲労しない速度。
↓	実験的には1〜2時間以上の継続遊泳。
最大持続速度	血合筋のみの使用による最高速度。
中間速度	血合筋に加え普通筋が関与。
↓	速度に応じて持続時間が減少する。
突進速度	普通筋が主体の瞬間的な速度。数秒間のみ持続。
最大遊泳速度	筋肉の能力として理論的な最大値。

める段階で、速度に応じて普通筋の関与の度合いがきまり、これに応じて疲労し始めるために遊泳持続時間が短くなる。突進速度は普通筋による瞬間的な高速遊泳であり、エサを追いかけるときや危険回避の際に用いられる。この最大値として筋肉収縮の生理学的な限界が最大遊泳速度と定義される。

泳ぐ速さを測る

それでは実際に魚の泳ぐ速さを測ってみることにしよう。魚類の遊泳速度を測定する実験方法もさまざまであるが、まずは基本的な移動距離とそのためにかかった時間から求める方法を考えてみよう。ある場所で魚に標識を付けて放流し、これが再び漁獲されたときの位置から、魚の季節的な、あるいは成長による回遊の経路を調べる方法がある。この最初の放流位置から再捕位置までの距離と日数から算出する大まかな値を最初に紹介したい。

たとえば日本で放流したクロマグロの幼魚が2年後に太平洋を越えてアメリカで漁獲されたとしよう。直線距離で7300キロを移動していたとすると、１日あたりに10キロを移動していた計算になる。時速にして０・42㎞、秒速にして０・１ｍという数字になり、クロマグロが泳ぐ速度としては遅すぎる結果になってしまう。これは2点間の最短となる直線距離を移動しているわけではなく、2年間の間に同じ海域をぐるぐる回っていたり、行ったり来たりしていた可能性もあるからである。海流に向かって泳いだのか、それとも流れにのって楽をしていたのかも分からない。

別の測定例では、ビンナガというやはりマグロの仲間で、１９２日後に９０００キロ離れたところで再捕された記録がある。この場合であれば、一日に47キロとなり、時速で２㎞、秒速なら０・５ｍといった数字になる。これでも私たちの考える巡航速度や持続速度よりもかなり遅い値であり、Ａ点からＢ点への移動速度ではあっても、実際には直線距離を移動しているわけではなく、もっと長い距離を、もっと速く泳いでいるはずで、この方法では魚の泳ぐ速さを測定することにはならない。

遊泳速度の測定としては、水槽の中で泳ぐ様子を観察して、あらかじめ決めておいた2個所を通過する時刻をストップウオッチで測定して速さを求めたり、もっと本格的にはビデオカメラで泳ぐ様子を撮影し、画面内での瞬間

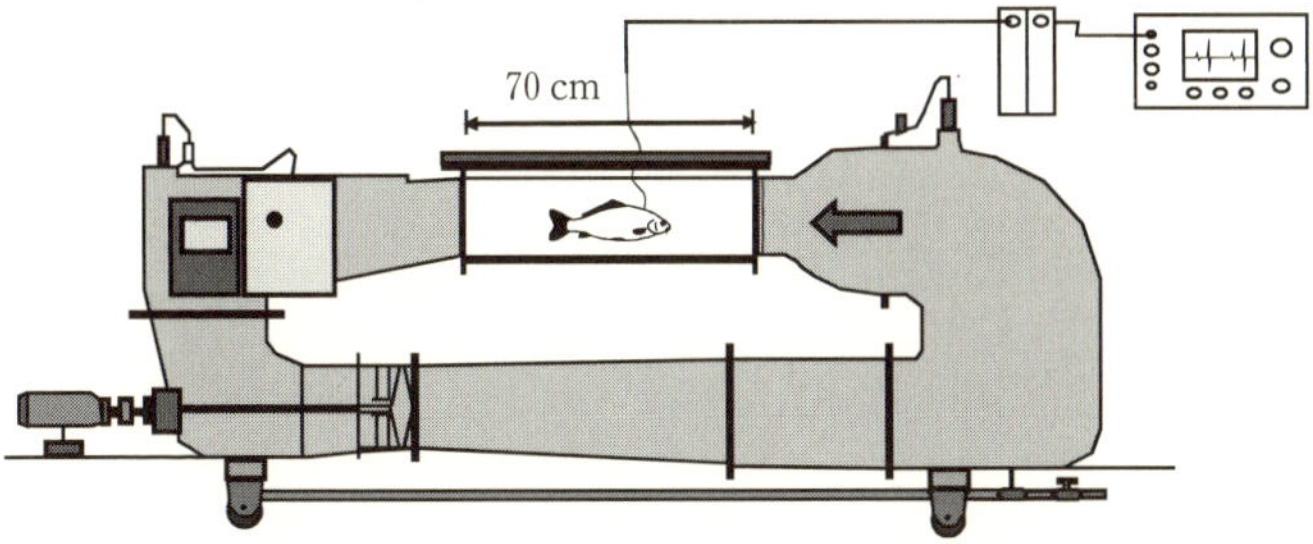

図9　魚の遊泳行動観察のための回流水槽

的な移動を解析する方法もある。また、魚体に釣り糸を付けてその繰り出し速度を測定したり、魚体に取り付けた発信器から位置を検出して移動速度を求める方法もよく用いられる。水槽実験による測定では、群れ行動の研究に使われた視覚運動反応と呼ばれる視覚目標への追従反応を利用して、目標の速度を変化させて追従速度を求める方法もある。また、実際の海での測定に際しては、船で群れの移動に併走しながら船速で魚の移動する速さを調べたり、網生け簀を曳航《えいこう》して耐久速度を測定することも行なわれる。また、実際に海で測定する方法として、小型のプロペラを魚にとりつけ、泳ぐときのプロペラの回転数を超音波として発信させ、この情報をもとに、リアルタイムで遊泳速度の絶対値を遠隔測定することも可能になっている。

より正確な遊泳速度の測定には流れに向かって泳ぐ速度が利用される。流れの中で魚が一か所で泳ぎ続けたときに、流速を遊泳速度として決定するもので、図9に示したような小型の回流水槽を利用するのが一般的である。遊泳のための水路の前後は網で仕切り、実験魚がこの限られた範囲で定位置を保って遊泳する様子を観察する。どれだけの時間泳ぎ続けられるかという耐久時間を調べたり、また尾ビレの振動数を測定したり、心電図や筋電図といった生理情報を同時に取得する上でも有効である。マアジの血合筋と普通筋の活動について筋電図を測定した実験もこの水槽で行なったものである。この水路内での向流定位も群れ行動のところで説明した視覚運動反応によるもので、水路壁面に縦縞の視覚目標を示すことで定位反応が強まり、流れに向かってよく泳ぐようになる。

◎尾ビレの一振りでどれだけ進めるか

魚の泳ぐ能力を理解するには、疲労しないで泳ぎつづけられる速度を確認するための長時間にわたる観察と、１００分の1秒単位の瞬間的な高速遊泳の観察まで幅広い速度範囲での測定が必要となる。そのため、遊泳速度の分類に応じてそれぞれ測定方法を選択しているのが実状である。ここでは、比較的小型の魚種を対象にした実験方法をまとめ、同時に尾ビレ振動数と遊泳速度との関係を簡単に説明しよう。

持続速度から中間速度の範囲内では回流水槽の利用が便利である。1尾の

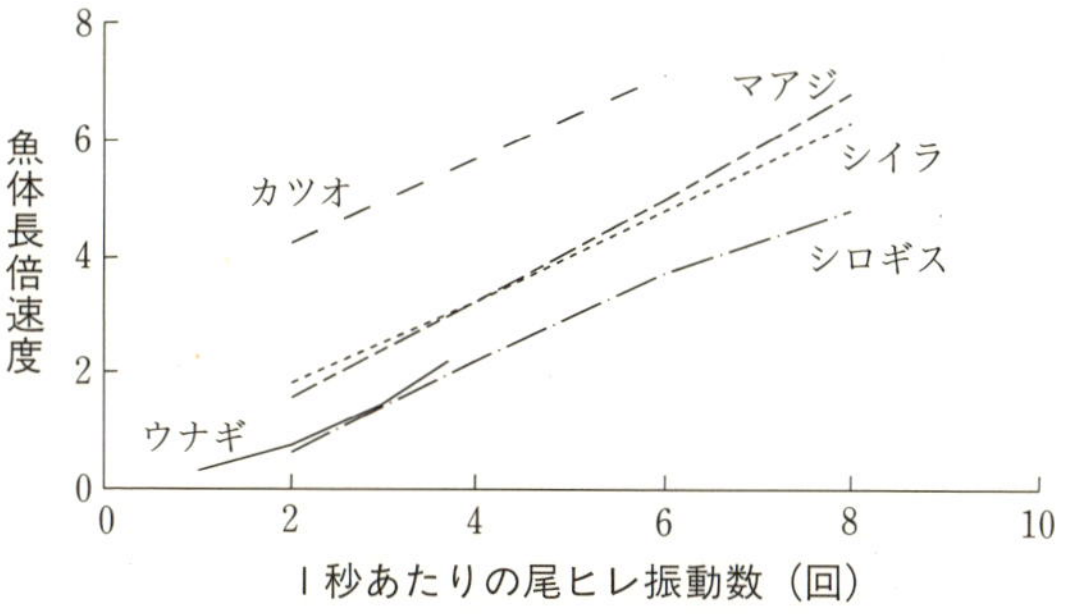

図10　尾ヒレ振動数と速度の関係

実験魚についてある流速段階を設定し、疲労して遊泳を止め、水路後面の網仕切りに押し付けられるまでの持続時間を測定する。実験魚を変えながら流速段階の設定を幅広く変化させ、1～2時間泳ぎ続けた段階を最大持続速度とみなす。流速をさらに速くしていくと、持続時間としては数秒間しかもたない段階にくるが、そのような速い流れでは遊泳姿勢のバランスを崩して水路後面に押し付けられる場合も多い。これを無理に泳ぎ続けさせて、本当の疲労による遊泳停止であることを確認する必要がある。

この実験中に水槽上方からビデオ記録をとり、一コマずつの再生で、ある速さで泳いでいるときの1秒あたりの尾ビレの振動数を数えてみる。これまでに研究してきたいくつかの魚種について、大型水槽でのカツオやシイラの観察をふくめて、実験結果をまとめて図10に示した。同じ魚種でも尾ビレを速く振れば速く進むということで、同じ魚体長倍速度ならば大きな魚ほど、進む距離は長くなる。同じ尾ビレの振動数でもカツオやアジが他の魚種に比べて速く泳ぐことが分かる。この魚種別の傾向の傾きが尾ビレの1往復で前進する距離を表し、人間で言えば歩幅に相当するもので、遊泳係数と呼んでいる。この値で泳ぎ方の上手さを判断できることになる。

◎突進速度と最大速度

突進速度についての測定は回流水槽ではうまくできない。そこで、長い水路や大型の水槽で飼っている魚を驚かしたときの高速遊泳や、あるいはエサに飛びつくときの瞬間的な高速遊泳を上方からビデオで撮影して、画面視野内での移動時間から魚体長倍速度に換算する方法がとられる。この他に、漁具から逃げたり、引き縄で擬餌針に向かってくるときの瞬間の動きといった現場での水中観察記録の中で、カメラ視野に対して平行に移動する画像が得られた場合には、魚体長倍速度としての解析も可能である。

これらの突進速度の測定では1秒以下の瞬間的な動きをもとに秒速に換算する場合が多く、概して数値の信頼度は低い。また持続速度の範囲に含まれるような比較的低速のデータも当然含まれる。そのために、多くの観察例をもとに頻度分布を求め、最頻値や最大値といった幅を持たせて提示するのが適当である。

それでは、突進速度の中の最大値はどのように調べたらよいだろう。これは筋肉の実験でよく使う方法を採用し、電気刺激を筋肉に流して、筋肉が収縮するまでの時間を測定する。筋肉のブロックを切り出して、これに刺激電極を刺し、電気刺激を与えたときに起こる筋肉の収縮を検出する。筋肉収縮の理論的な最大能力を測定することになり、刺激を与えてから筋張力のピークに至るまでの筋収縮時間を測定する。これは魚のからだを片側に動かすための時間であり、両側への動きとしてはこの値を2倍して、尾ビレ1振動に相当する時間を求め、この逆数から最大尾ビレ振動数を算出する。これに遊泳行動の観察から求めた尾ビレ1往復で前進する距離を使って、最大遊泳速度を求めることができる。

〈4〉マグロの泳ぎ方

◎研究者のあこがれ

魚の泳ぎ方を研究していると、だれもが高速遊泳のトップスイマーであるマグロの泳ぐ速さを測定してみたいという夢にかられる。もちろん大海を泳ぐ大きなマグロを捕まえてきて水槽の中で泳がせるのは無理な話で、手ごろな大きさの小型魚で実験をしている立場からは遠い夢の話でしかなかった。今からふた昔も前の1985年、私が遊泳行動研究の手ほどきをうけていたスコットランドのアバディーン海洋研究所でも「マグロの泳ぐところを見てみたいな」と、お茶の席でしばしば話題にのぼっていた。

そんなところに、地中海でクロマグロを生簀《いけす》に入れて育てている日本の会社のスタッフが研究所の見学に訪れ、案内をしながら遊泳行動の研究について説明しているうちに、それならマグロも実験場所も提供してあげようという話が進み、マグロの泳ぎ方を調べる研究が実現した。翌年の秋、研究者がチームを組んで地中海のマグロ養殖の現地に集合し、そこにアバディーンでの滞在期間を終えて日本に帰国していた私も再度合流して、2週間の共同研究に入った。研究者のチームとは、イギリスからはアバディーン海洋研究所のクレム・ウォードル、オランダからはグローニンゲン大学のジョン・ヴィデラー、そしてスペインのバスク漁業工学研究所のホセ・フランコであり、これに漁具会社から技術スタッフとして派遣された小林次彦さん、そして私という5名からなる国際混成チームであった。蓄養事業は日本とスペインの合弁会社として行なわれており、経営管理のための日本人スタッフ、現地のスペイン人スタッフ、さらに定置網の漁業者はもちろんスペイン人で、皆が

モロッコでカスバ（城塞）の街を行く筆者（左から2人目)、ウォードル（その右)、ヴィデラー（その右、横顔）

集まって日本語、英語、スペイン語が飛び交うなかでの打ち合わせに、どこまでこちらの希望が皆に通じているのか心配しながらの研究開始であった。

マグロの蓄養

大西洋のクロマグロは成長しながら大回遊の途中で寄り道をして地中海に入り、6～7月に産卵して、その後ジブラルタル海峡を抜けて大西洋に戻っていく。産卵を終えて大西洋に向かう途中に定置網で漁獲されたクロマグロは実際には脂分が少なく、現地では缶詰の材料かステーキ用として利用できるにしても、日本人がありがたがる刺身用のクロマグロとしては価値が低かった。そこで、定置網のとなりに大型の網生簀を用意し、漁獲されたクロマグロをこちらに移して毎日エサを与え、十分に太らせて、脂をのせてから日本へ出荷しようという蓄養の事業が始まったのだった。飼育期間は3～6か月で、出荷のピークは日本の師走から正月になる。

蓄養生簀は長さ80メートル、幅40メートル、深さ20メートルという大型のもので、ジブラルタル半島側のラ・リネアと海峡をわたったモロッコ側のセウタの2か所で事業が行なわれ、それぞれ300尾近いマグロが収容されている。われわれはそこで研究できる機会があたえられたわけだが、小型のものので1メートル弱の100キログラム、大きなものでは3・3メートル、400キログラムを超えるジャンボマグロが群れをなして泳いでいるわけで、さぞかし壮観な眺めであろうとは思うものの、その中に潜って調査することを考えると実は怖さの方が先に立つ。しかし、世界でも初めての研究ということで、現地入りした仲間たちも与えられたチャンスを有効に使えるよう、到着早々からそれぞれの実験器材の調整に余念がなかった。

研究テーマは2つにしぼりこんでいた。まずは、生簀の中で泳いでいるクロマグロの尾ビレの動かし方と遊泳速度の関係を調べること、そして、出荷用に取り上げたクロマグロを使って筋肉の収縮時間を測定することで、この2つを組み合わせて最大遊泳速度を推定するのが目標であった。このための器材はアバディーン海洋研究所からの持ち込みで、潜水用の器材を加えて、大型のバンに山積みの大荷物である。

◎水中テレビを設置する

実際の調査としては、まずはじめに大型生簀の底に水中ビデオを設置し、水面を見上げる方向でクロマグロの泳ぐ様子を撮影する準備に入る。

　小型のボートに乗りこんで生簀に着いた段階で、さて皆で顔を見合わせる。本当に潜っても大丈夫なのかしら、300キロもあるクロマグロが本気でぶつかってきたら逃げ切れないよな……という不安で誰が最初に潜るかが決まらない。漁具会社から派遣されている技術スタッフの小林さんは早くも潜水器材を身につけて飛び込もうとしているので、おそるおそる最後の注意はないか、クロマグロが向かってきたらどうしたらよいのかを聞いてみる。毎日生簀に潜って網の様子やクロマグロの健康状態を観察している小林さんはあっさりと、「むこうがうまく泳いで、人間を避けてくれるから大丈夫ですよ」と言うので、その説明に覚悟をきめて水に入る。

　マスクを通して見える地中海の青い水の世界、そして群泳するジャンボなクロマグロたち、その一瞬の感動の中にも、周囲を泳いでいるクロマグロがときどきジロッと自分の方をにらみながら泳ぎすぎていくのが分かる。船が生簀にくればエサをもらえるのを学習しており、期待して集まってきたのにアテがはずれてしまったに違いない。こちらのからだを突ついてみようなどと試さないことを祈りながら、網底に潜って水中テレビの設置作業に入る。

クレムは水の中で浮力調整がうまくできないようで、中層に浮いたまましばらく胴衣の調整をしていた。そのうちにテレビのケーブルが足にからんでしまい、四苦八苦している。ジョンはまだ不安なのか、船のまわりから離れずに手持ちの水中カメラでクロマグロを撮影している。そのうちに、船のまわりに集まっていたクロマグロもエサをあきらめたのか離れ始め、生簀の中でのゆっくりとした泳ぎに戻っていた。クレムの浮力調整も完了して、網底に二人で座りこんでビデオカメラがうまく水面を見上げるように浮きと錘《おもり》の調整をし、水面に上がると、ボートの上で画面を見ていたホセからＯＫのサインが出たので、全員がボートに戻る。

テレビ画面には水の青を背景にクロマグロの泳ぐ様子がシルエットとして映し出されており、尾ビレの規則的な動きがきれいに観察できる。これで準備完了である。このテレビカメラには超音波の送信・受信装置が取り付けられていて、カメラに映った魚体までの距離を測定し、画面に表示できるようになっている。距離が分かれば画面上の魚の大きさから体長を求めることができるので、画像解析で画面内での移動距離に換算し、あとで遊泳速度を計算して尾ビレ振動数との関係を検討できる。

◎いよいよ撮影開始

テレビカメラの設置が終わってしばらくは船上で画面を見ながら録画を続ける。風もなく、静かに揺れる船の中でのんびりしていると、日本を立つ前の忙しかった数日間がはるかかなたにある。この地中海での2週間が終わって帰ったらまた忙しいぞ……などと考えているうちに2時間分の録画が終わった。このビデオが生簀内での通常の泳ぎ方の記録となり、持続速度についての解析のための資料となる。

港を出るときに積んできた冷凍のサバも秋の陽射しの中でいい状態にとけてきた。ノルウェーからの輸入サバだそうで、これを地中海のクロマグロが食べて、そのクロマグロを日本人が刺身で食べる。水産業はもともとグローバルなものであったが、ここまで複雑な流通システムでも商売として成り立つのは、クロマグロという高級魚ならばこそである。

さて、次の実験はこのサバを与えたときの突進速度の撮影である。網底に設置した水中テレビの上を高速で通過してくれるようにうまくエサを投げ始める。画面を見ていると、これまではゆっくりと群れをなしていた泳ぎが一変し、エサに向かって突進していく様子がシルエットで映し出されている。

尾ビレの振動もゆっくりと数えられるような動きではなく、あとでビデオのコマ送りを使って解析するしかない。エサのために水が濁り始めて、画面は見にくくなってきたが、解析にはなんとか使えるだろう。エサを与え続けているうちに船のまわりには数十尾のクロマグロが集まってきていて、エサを投げるたびに狂奔状態で飛びついてくる。

ここで、解析用の上向きテレビだけではなくて、手持ちのハンディビデオでも撮影しておこうという話になり、水中に潜る準備をし始めたところで、またもや心配になってきた。あの速さでエサに向かっているのでは、からだにぶつかってこられたら致命傷である。そこでハンディビデオを手で持って船から水に入れて撮影し、そのすぐ前にエサを落としてもらって録画してみた。こちらは船の上にいるので身の安全は確保されているものの、大きなマグロが高速でエサに向かってくる様子に思わず手を引っこめたくなる。それを我慢して撮影を続けていたが、一尾がカメラの30センチほど前まで飛びこんできて、カメラにぶつかる寸前にエサをくわえて急旋回するという行動をとり、尾ビレの激しい振動で起きた水の動きをじかに手に受けて、あやうくカメラを落としそうになった。あとで見たそのときの画面は迫力のあるもので、画面いっぱいにマグロの顔が突進してきて、そのすぐあとに尾ビレの動きで起きた渦まく泡が映し出されていた。クロマグロは狂奔状態でも何かにぶつかるような下手な泳ぎをしないのは確かだが、エサをやっているときの潜水作業はその後も遠慮することにした。

◎生簀からの取り上げ作業

クロマグロの遊泳行動の観察はモロッコ側のセウタで行なっていたが、次は収獲時の魚体筋肉の収縮速度の測定実験である。ラ・リネアではすでに出荷作業に入っていることから、また海峡をわたってジブラルタル側へ移動した。

この年は9月20日から出荷作業を始めており、週に2〜3回のペースで必要な数のマグロを生簀から取り上げ、飛行機で成田へ発送する段取りが進められている。定置網の漁業者が取り上げ作業に協力してくれており、挨拶に行くと、クロマグロを発送するための大きな木箱の組みたてが行なわれていた。

さて、翌朝早くに指定された海岸へ出向くと、定置網の漁業者がそろそろ集まってきている。こちらは港から出るものと思っていたので実験器材を山のように抱えていたのだが、なんと船は砂浜から出るということを知らされる。沖に見える定置網の位置に係留していた漁船が私たちを迎えにくるが、波打ち際の向う側までくると船の位置を竿で保ち、皆がそこまで足を濡らして乗船する。さて困った。現地の漁業者は皆乗りこんでしまい、私たちを待っている。覚悟を決めて、皆で靴を脱いで首からぶら下げ、ズボンの裾を捲り上げ、濡れてはいけない実験器材を頭の上にかついで船に乗り込む。結局は波をかぶってズボンはずぶ濡れの状態であったが、器材だけは濡らさずにすんだ。

生簀からの収獲作業に入る前に、定置網のほうの揚網作業がまず行なわれる。かなり大型の網であるが、引き揚げ用のロープを巻取りながら、あとは人力だけの作業である。漁業者が船べりにひざをあてて網を揚げる様子は、今の日本の技術に比べるとかなり古典的な揚網方法である。ハンチングをかぶった大柄な漁労長は、パイプをふかしながらときどき作業の指示をする。3隻の漁船が網の入り口側にならび、日本の網起こし唄に似たうなるような調子で声をかけあいながら淡々と網をあげ、中の魚を追いながら網をしぼり込んでいく。この時期はもうマグロがジブラルタルを抜けて大西洋に出てしまっており、ソウダガツオの仲間が漁獲の主体であった。9月の初めまではまだマグロが漁獲されていたので、その場合は蓄養生簀にマグロを追い込む作業が行なわれるが、その日は一気に網をあげて漁獲物を船上に取り込んで終わった。

その後が生簀からの収獲作業となる。長さ80メートルの生簀の片側に3隻の漁船が並んで、定置網のときと同じように網をあげていく。生簀の向う端が取り上げ場所で、すでに蓄養事業のスタッフが先回りした船の上で待機している。ある程度網をしぼり込んだ段階で、ダイバーが水中に入り、クロマグロを数えながら最後の網揚げ場所へ必要数だけ追いこんで準備完了である。今日の出荷予定は10本。狭い網囲いの中で逃げ場を失ったジャンボマグロが泳ぎまわっている。漁船の1隻がマグロを取りあげる場所になるため、私たちもそちらに移動して作業を待つ。

網起こしの最終段階は壮観である。私たちの乗っている船のほうに追い集めるように網をしぼり込んでくる。ますます狭く、浅くなった網の中で、追いつめられた10尾のクロマグロが背ビレを水面に出して泳ぎまわっている。

大きなマグロが泳ぐだけで波が立ち、船は左右に揺れている。取り上げるためのスタッフは、近くにきたクロマグロの頭に手《て》鉤《かぎ》を刺して船べりに引き寄せ、そこに銃を持って待機していたもう1人のスタッフが頭部に弾を打ちこんでしとめる。３００キロを超える大型マグロが暴れると1人では押さえきれず、二人がかりで船べりに押さえこむ姿は迫力十分で、まさにクロマグロとの格闘である。その後に続くドンッという銃の音に思わず身をすくめる。尾ビレの部分にロープを巻きつけてクレーンで船上に引き揚げ、氷で冷やした魚倉に収容する。その間に次の個体が引き寄せられていて、またドンッと銃声が響き、次々にしとめられていく。

●筋肉収縮時間の測定

船上に引き揚げられたクロマグロについて、魚倉に入れる前に時間をもらって筋肉の収縮時間についての実験を行なった。これまでの実験室の測定では筋肉をブロックとして切りだし、これをリンゲル液に浸した状態で刺激電極を刺して電気を流し、その時の筋肉のピクッという動きを測定する方法であった。このように大きな魚で測定するのは私たちも初めてであり、また魚体丸ごとを築地に送る必要があるので筋肉を切り出すわけにはいかない。そのために特別に設計した装置を利用し、バッテリーを使って刺激電極に電気を流し、筋肉の動きを検知して収縮のピークに達するまでの時間をデジタル表示させるようになっている。

まずはキリで体表に穴をあけ、そこに温度計を差し込んで魚体温を測定する。海水の温度が摂氏20度であったのに対して、26〜28度という体温であった。次に、この穴のとなりにもう一つの穴をあけて、2本の電極が魚体を刺すようにセットする。これに1000分の2秒という瞬間電流を流すと電極付近の筋肉が収縮する。このときに2本の電極が筋肉の収縮にあわせて変形するときのひずみをもとに、電気を流してから収縮がピークに達するまでの時間を測定した。体長2・0〜2・6メートルの4個体について測定を実施した結果、頭部に近い側で0・03〜0・04秒であり、魚体の後方に次の穴をあけてまた実験するという方法で、尾側に向かっていくと0・08〜0・09秒と長くなっていくことを確認できた。

4尾の測定を終えてほっとしながらあたりを見まわすと、すでに予定していた10尾の収獲を終えて、皆は網の片付けに入っている。銃をもつスタッフは大事そうに布で銃身をふき、ケースに収容するところであった。すべての作業を終えた漁船はジブラルタル半島を回って港へ入り、そこでトラックにクロマグロを積みなおして工場へ向かい、氷蔵、発送の作業にかかる。その当時はイベリア航空が成田への乗り入れを開始したばかりで、マラガ空港からマドリードを経由して成田へ運ばれ、取り上げた3日後には築地の魚市場でセリにかけられていた。

マグロの泳ぐ速さ

さて、2週間の日程を終えて研究チームは現地解散した。クレムは撮影したビデオをもってアバディーン海洋研究所に戻り、中国から留学していた何平国さんと画像解析の作業に入った。私の方もハンディビデオの映像から大まかな値を求めて、お互いの数値の妥当性を確認しあい、何回かの手紙のやりとりを行なった。その後の忙しさの中でまとめに時間がかかってしまい、そろそろ忘れかけた3年後にやっとのことで論文として出版された。

まずは生簀内でのゆっくりとした泳ぎ方を撮影した結果である。ビデオ記録の中から34尾の遊泳する様子について、それぞれが画面内で移動している距離と所要時間から遊泳速度を求めた。これらの体長は1・7〜3・3メートルで、遊泳速度としては毎秒1・2〜3・2メートルという結果であった。一日に86〜260キロを生簀の中で泳いでいる計算になる。尾ビレの振動数としては毎秒1〜2回というずいぶんとのんびりした泳ぎで、尾ビレの振幅も小さかった。尾ビレ振動数と遊泳速度の関係から遊泳係数を求めると、最小で0・54、最大で0・93となり、平均値にしてみると尾ビレ1回の往復で魚体長の0・65倍進むという数字が得られた。次にエサに飛びつくときのビデオから、このときの泳ぎ方では尾ビレの振動数は毎秒2〜6回の範囲にあった。残念なことにきれいな映像が得られず、突進速度についての十分な記録は得られなかった。

筋肉収縮時間の測定について、ここでは2・26メートルの個体で得られた0・05秒という結果を使って、最大遊泳速度を推定してみよう。尾ビレを1回往復させるにはこの倍の0・1秒となるので、1秒間に10回の尾ビレ振動数が筋肉としての最大能力となる。

持続速度の観察で求めた平均値0・65を使って、2・26メートルの個体の尾ビレ1振動で進む距離は2・26×0・65＝1・5メートルであり、これに毎秒10回という最大振動数をかけると毎秒15ｍという数字になる。これは時速にすると54㎞と換算できた。しかし、最大尾ビレ振動数の数字を使って最大遊泳速度を求めるのだから、尾ビレ1往復で進む距離も平均値ではなく、こちらも最大値を使って計算しなおしてみよう。持続遊泳での最大値が0・93であったことから、これよりも少し高めに設定して1・0を仮定すると、毎秒26・6ｍ、時速換算では81・4㎞となり、自動車なみの速度が可能という結論であった。生簀の中でエサに飛びつくときのパワフルな泳ぎを見た私たちにとっては、本当はもっと速く泳いでいるんじゃないかな……という未練を残したままになっている。

マグロ蓄養事業のこれから

現在、世界中のマグロが日本の魚市場に集められている。日本の延縄《はえなわ》漁船が世界の海に出漁しているだけでなく、「空飛ぶマグロ」だとか「成田漁港」などといわれるように、マグロは現地から直接に飛行機で運ばれ、成田を経由して築地市場に並べられる。鮮度のよい、おいしいマグロを味わえる私たちにとってはありがたいかぎりだ。しかし、資源の減少が心配されれば日本の獲り過ぎが原因とされ、さらには日本が札たばをはたいて世界中から高級魚を買い集めていることへの声高な批判も多い。昔なら現地の人たちにとって貴重な食料であったマグロが、日本に運ばれてキャットフード、ドッグフードの原料にされるために、地元では食べられなくなってしまうというつらい話も聞く。

そんなマグロをめぐるさまざまな話題の中で、ここにきて蓄養マグロの急激な発展もとりあげられてきた。１９７０年代にメキシコで、そしてカナダのノヴァ・スコシアで始められたクロマグロの蓄養事業は、１９８０年代の地中海への事業展開で大きく前進した。日本の市場でも安定供給を受けられる生鮮マグロとして高い評価を受け、「養殖もの」という新しいブランドが認知されてきた。その一方、延縄や巻き網で獲りすぎてしまったことによるマグロ資源の枯渇が心配され、関係各国が責任ある方法で操業を行なうことが強く要求されている。解決策として、厳しい漁獲規制を設定しようという提案が世界的に認められてきた。ここで問題となるのは、漁業によるマグロの供給量が少なくなれば市場価値が値上がりすることになり、安定供給できる「養殖もの」の立場が強くなることである。しかも値上がりした市場に提供することで、これまで以上に利益を上げることすら期待できる。

私自身としては、自然の海で大きく育ったものを漁獲するのが本筋であり、青田刈りのように早い段階で漁獲して、それを囲い込み、エサを与えて大きくするのは本音としては受け入れがたいものがある。蓄養のためのエサも海から取ってきているのであり、1キロ太らせるためには10キロのエサが必要といわれる。マグロを食べずに、エサにしているサバをそのまま食べていれば、10倍の人間に食料を提供できるのである。養殖業、蓄養事業の発展は高級魚を作り、付加価値を高めるための経済性はあっても、地球全体の食料問題の解決には決してならない。しかも、蓄養のための小型魚を早獲りすることで、自然に育つべき資源そのものを減らしてしまうことになる。日本ではクロマグロの成魚を生簀に飼って産卵させ、稚魚を育てようという研究を進めているし、そこから成長して親になった魚を産卵させるという生簀の中での再生産が始まっている。この技術が実用化すればまだしも、それにしてもエサの供給をどうするかという問題に答えはない。養殖業の急成長によって、高級魚を毎日のように食べられる立場の日本にとってはありがたいが、海の生態系に影響していることへの警鐘が鳴り響くのもそんなに遠いことではないだろう。

しかし、クロマグロの蓄養についてまだ当面は明るい話題が多く、その一つとして蓄養マグロの新たなブランドが南オーストラリアに生まれてきた。クロマグロに近い仲間のミナミマグロを対象にした事業で、アデレード近郊のポート・リンカーンで大発展の兆しをみせている。資源の枯渇に悩んでいた地元の漁業者は養殖業に切り替え、日本市場に向けた生産体制を作り出してきている。また、地元の大学が蓄養技術の向上のための研究プロジェクトを立ち上げ、エサの種類や収獲方法による肉質向上、築地市場までの鮮度保持といった問題に取り組んでおり、日本人の好みに合わせたマグロの提供を目指している。その中でも、巻き網で漁獲してから生簀まで運びこみ、その中で飼育する技術も問題になり、どのようにストレスをかけずに移動できるか、あるいは生簀の中での泳ぎ方やエサのやり方について共同研究を始めようかという段階になってきた。

私自身も地中海でのクロマグロの泳ぎ方についての研究の話をここでまとめながら、舞台をオーストラリアに移して、もう一度マグロといっしょに泳いでみたいと夢を見始めている。

V

魚とストレス

〈1〉ストレスとはなにか

●魚とストレス

ストレスという言葉は現代に生きる私たちにとってごく身近なものであり、朝起きてから眠りにつくまで、あるいは生まれてから死ぬまでの毎日の生活でストレスにさらされているといっても過言ではない。ストレスが原因で病気になったり、あるいは過労によるストレス死がクローズアップされ、現代社会の生きづらさがすべてストレスのせいにされてしまっている。

ストレスとは何なのか、どのようにストレスとつきあえばよいのかといった私たちの生活に関連した問題についてはいろいろな本が出ているが、それでは「魚とストレス」というとどんなことを連想されるだろう。たとえば家庭でキンギョやグッピーといった鑑賞魚を飼っている方は多いが、元気がなくてエサを食べなくなったとか、水槽の隅に隠れてしまって動かないときに、「困ったな、ストレスかな」と悩んでしまう。水槽の水が悪くなっていたり、狭い水槽にたくさんの魚を入れていたりという飼育環境の悪さが影響していると考えてよいだろう。

暮らしにくさがストレスになっているのなら、私たちと同じと考えていた

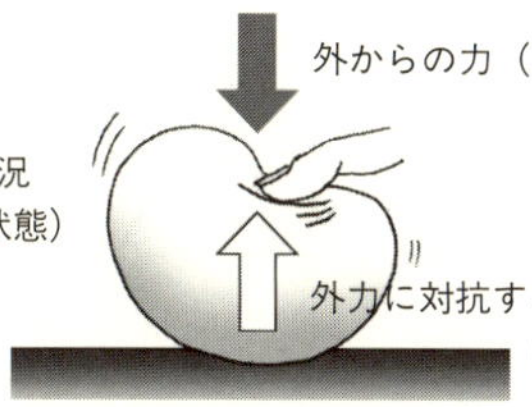

図1　ゴムボールによるストレス概念図

だければよいのだが、もちろんストレスの問題は人間についても分からないことが多く、どのようにしてストレスを解消するかという問題にも絶対の答えはない。魚についてはもっと分からないことが多いのだが、魚がどんな状況でストレスを受けるのか、どんな暮らしにくさがあるのか、そしてどのように魚のストレスを測定するのかを、最近の研究の成果をもとに紹介してみることとする。

◎身近になった「ストレス」

毎日の生活の中でストレスという言葉をよく聞くようになり、私たちは日常的に「最近ストレスが多くて…」とか、「彼はストレスに弱いから…」といった使い方をしている。しかし、実際にストレスとは何かを定義しようとすると、私たちの使っている意味とは少し違っていることに気がつく。

ストレスとはもともとが物理学で使われていたもので、物体に力がかかってゆがんだ状態をいう。よく説明のために使われる例で、図1のようにゴムボールを指で押すと、押された部分が変形したゆがんだ状態になる。このへこんだ部分の「ゆがみ」をストレスと呼ぶのが本来の定義であった。指で押す力が「ゆがみ」を引き起こしていることから、ストレスにはそれを引き起こす原因となるものがあり、また「ゆがみ」を元に戻そうという内部からの力がストレスに対する反応となる。

私たちの身体もゴムボールのようなもので、外界に対して身体の内部の状況を一定に保とうとするしくみが備わっている。これに外からの厳しい条件が加わると、身体の調子が変わってしまい、健康な状況が維持できなくなる。これをストレスという概念で説明し始めたわけである。私たちが日常使っているストレスという言葉は、その原因となる条件と、結果としてのストレスの状態、そしてストレス反応の3つが区別されないでいることになる。

私たちにストレスを与える条件としては、温度の変化や騒音といった物理的なもの、酸素不足や栄養不足、そしてアルコールや薬の影響といった化学的なもの、さらに病気の原因となる細菌やウィルスが体内に入ってしまう生物学的なものなどに分類できる。もう一つ、最も難しいのが精神的ストレスで、仕事がきつすぎるとか、人間関係の複雑さといった状況が原因になる場合で、原因がはっきりしないだけに、どのように直すかが解決できずに、精神的にまいってしまったり、体調をくずして病気になりやすくなるといった事態におちいりやすい。現代社会でストレス症候群と呼ばれるものの多くが精神的な原因によるものであり、心身症や慢性疲労、過労死、そして戦争や事故による心的外傷のように社会問題として取り上げられ始めてきた。

魚について精神的ストレスを考えるのは難しいのだが、たとえば学習実験で赤皿と緑皿の色を見分けるといった簡単なものではなく、視力の測定といった難しいことを要求するとエサを食べなくなったり、元気がなくなって反応が悪くなる。こういった状況がストレスであり、魚の顔色を見ながらの実験が必要になり、今度は実験する側がストレスを感じることになる。

魚のストレス

人間のストレスについて研究の始まったのが20世紀に入ってからであり、特に精神的ストレスについては分からないことばかりである。ましてや魚については1950年代に初めて研究として取り上げられるようになり、80年代以後にやっとまとまった成果が見られ始めたところで、こちらのほうはもっと分からないことが多く、まだまだこれからの研究課題と言えよう。

魚のストレスを最初に取り上げたのは、やはり病気についての話題からであり、特に養殖のための飼育条件との関係から研究が進められた。

キンギョやコイを池で飼って、産卵させて子魚を増やし、エサをやって成長させることを養殖という。基本的には水槽で魚を飼うのと同じといってもよいが、産業として行なう上では大量の魚を、経済的コストを考えて飼育することになる。淡水魚であればニジマスやウナギ、海産魚ではタイやヒラメ、サケ、ブリといった魚種が養殖の対象となっており、最近は新しい種類も次々に加わり、生産量としてもどんどん多くなってきている。

養殖する上では、飼っている魚が健康で、エサをよく食べて早く大きくなる、または卵をたくさん産んでくれるのが理想である。そのためには魚の扱い方やエサの種類とやり方、そして水質や温度の管理が重要である。こういった条件が悪いときには、魚がストレスの状態にあるものと考え、原因を取り除く必要がある。また、ストレスの状態についてその程度が明らかにできれば、飼育条件の中でストレスの原因となっているものの種類や強さを考え、条件をよくしていくための方法を考えることにもつながる。

ストレス反応と測定方法

ゴムボールを例にストレスの原因、そのときの状態、そして元に戻ろうとする反応を説明した。このストレス反応の様子は、ゴムボールであれば、ゴムの強さや内部の空気圧によって戻り方が違ってくる。風船のような薄い膜であれば、指でおもいきり押せば破裂してしまうし、ゴムボールであっても針で押せば破裂する。また、ゴルフボールや硬球のボールであれば指で押す程度の力では変形が起こらない。

人間のストレス反応も、受ける人間のそれぞれの状況やストレスの原因となる刺激の種類、強さによって異なるわけであるが、身体がなんとか対応できる段階と、がんばって状況に持ちこたえようとする黄色信号の段階、そして状況に対応しきれなくなって体重が減ったり、病気に罹りやすくなったりして死に至るまでの過程という3つの段階に分けられている。ストレスのもとになる状況に対抗し始めるまでの段階でストレスの原因を取り除くことができれば回復できることになる。魚の場合もこの考えにならって、第1次変化としてのホルモン系の反応、第2次変化としての血液や組織の変化、そして第3次変化として生き続けられるかどうかが決まるまでの3段階として整理されている。

養殖魚の管理という目的では、病気にかかる前、大きな影響が出てくる前段階で早めの対応が必要であり、一次変化の状態を判定することが重要になる。そのために、血液中のコルチゾルの変化を測定する方法がある。コルチゾルはストレスホルモンともよばれるもので、強いストレスを受けることで血液中に分泌される。このしくみは、状況に対応するためのエネルギー源を作りだしたり、炎症を押さえるという機能に関連しており、また、人間の場合であれば脳に直接働きかけて気力を高める効果があることも知られてきた。

ストレスを測るには

コルチゾルの変化によってストレスの状況を確認する方法が、どこまで魚の場合にも当てはまるかを調べるための簡単な実験の例が報告されている。ニジマスを使った実験で、水槽にいる魚を網ですくい上げて水からとりだしてしまう。この状態でしばらくおいてから水槽に魚を戻し、その後の時間経過をおって採血して調べると、コルチゾルは30分後で10倍近くまで急上昇す

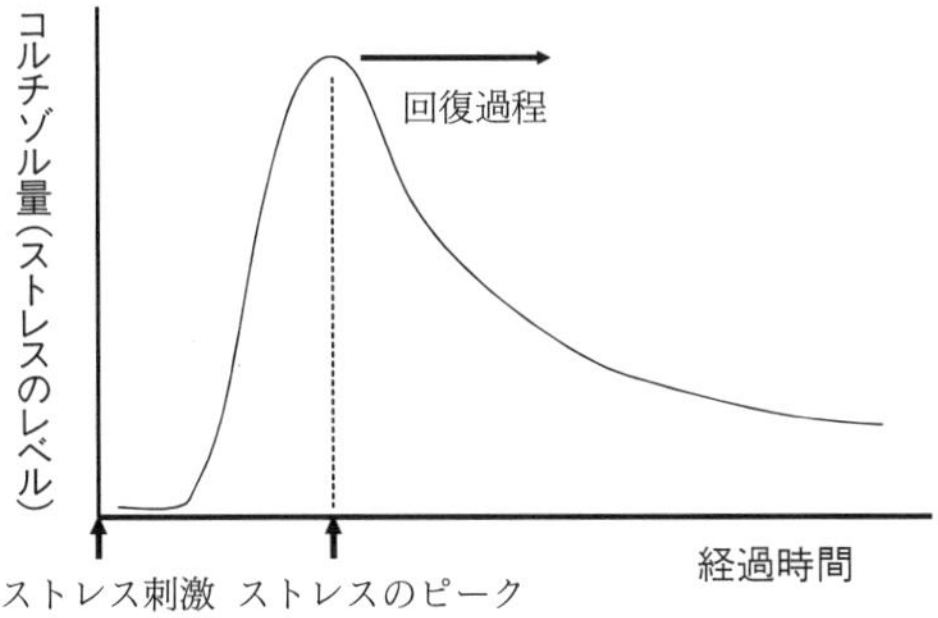

図２　マアジのコルチゾル量変化

る。バケツの中にいれたニジマスを手で追いまわしてみたり、狭い水槽に沢山の個体を収容したり、あるいは水に毒性のある薬品を混ぜたりして、いろいろなストレスの条件を与えて調べてみると、コルチゾルの急増とその後の減少による回復という傾向が確認でき、ストレスの原因となるものの種類や強さによって反応の異なることも理解できる。

人間についての検査であれば、１人の患者から繰り返し採血をしてコルチゾルの変化を追跡確認することもできるが、注射の嫌いな人は採血されるだけでストレスを受けてしまう。魚の場合も水槽に戻した個体をつかまえて採血するという方法そのものがストレスを与えることが考えられる。そのために、たくさんの個体をあらかじめ用意しておき、まとめて実験をする方法がとられる。私たちもマアジを使って実験に取りかかった。

まず網ですくってその場で採血してコルチゾルを調べると、10尾の個体について平均で１２０ng／ml（ngはナノグラム、10億分の１グラム）という結果であった。この値がまだストレスの影響が現れる以前の状態になる。次に網で２分間追いかけ回すというストレス刺激を与え、その30分後に採血した結果の平均値は２８３ng／mlであり、倍以上に急増している。また網で２分間追いまわしてから、１分間網を持ち上げて水から出すという条件では、30分後の平均値は３２０ng／mlとなり、水から出されるという刺激が加わることでさらに高い結果となる。図２はコルチゾル量の変化を示す概念図である。

このような３通りの条件を比較することで、ストレスの強さを調べることができる。ここで30分後に採血した結果を用いているのは、刺激が与えられてから血液中にコルチゾルが十分に放出されるまでに時間がかかることを見越しており、短時間の刺激であれば30分程度で血液中の濃度は最大となり、その後は回復することが確認されている。このような方法で、時間経過によるコルチゾルの値を使ってストレスの状況を調べることができる。

なんとも手間のかかるめんどうな方法をとっているように感じられるかもしれないが、このような研究では実験結果の個体差という問題が無視できない。たとえば、実験前にどのような状態だったかは、同じ水槽の中で飼っている仲間たちの中でも大きな違いのあるのが普通で、10尾の結果を平均するのが最も無難な方法なのである。もちろん、ストレッサーを受けた1尾の個体について、実験前の平常時から連続採血によってコルチゾル濃度の変化を測定する方法もあり、また採血回数を2～3回に留めて比較する方法といくつもの方法を試してきている。それらの方法の比較を含めて、私たちの研究の結果を紹介してみたい。

〈2〉漁獲された魚のストレス

◎逃げた魚と逃がしてもらった魚

魚のストレスについての研究は、養殖業での飼育管理の方法を検討する目的で始められたが、視点を変えて、自然の海にいる魚を捕る漁業において、漁獲された魚がどのようなストレスを受けているのかを調べようと考えた。

最初の研究は図3のシロギスという魚を対象に実施した。キスの天ぷらに使われる15センチ程度の細長い清楚な魚で、東京湾や相模湾の砂場の浅い海に生活しており、釣りや図4のように刺し網で漁獲される。刺し網というのは網目に魚を刺させたり、からませてとる道具で、網目の大きさと魚体の胴の太さの関係で、刺し網に出会った魚のうち小型の魚は網目を抜けて逃げてしまうが、ちょうどぴったり網目に刺さる大きさの魚は通り抜けようとして網目に刺さり、抜けられなくなって漁獲される。

最近は水産資源を大事に利用しようという目的で、小さな魚なら逃がしてやり、もっと大きくなってから漁獲しようという資源管理の考えが定着してきた。そのために、こちらの希望する大きさの魚だけを漁獲できるように網目の大きさを調節するのだが、それならば網から逃げのびた小型の魚がどのよ

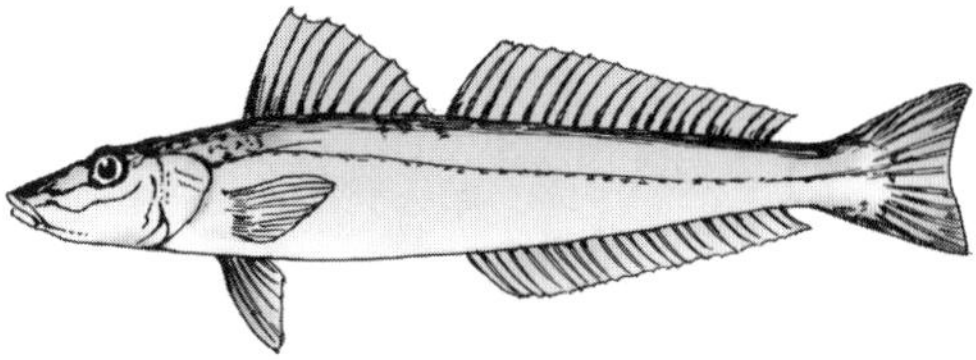

図3　シロギス

うなストレスを受けているかを調べてみようと考えた。大きな魚だけを捕って、小型魚を上手に逃がすための方法として、大きな網目にして逃げられるようにするか、それとも一度船の上に上がったものを網からはずして逃がしても大丈夫なのかを調べたわけである。実験はインドネシアから留学して博士課程で勉強していたアリ・プルバヤントさんと、同じく博士課程の角田篤弘さんの2人が共同してとりかかった。

シロギスでの実験

はじめに、海で自然に生活しているシロギスのストレスの状態を知るために、釣りで捕った魚から即座に採血して、コルチゾル濃度を調べてみた。結果は検出できないほどのわずかなコルチゾルしか含まれておらず、自然界ではストレスを受けていないことが分かった。ニジマスやテラピアなどの淡水魚についても、釣針にかかった状態が数分以内であれば、漁獲直後に採血すれば自然環境下での通常値として用いることができるとされており、シロギスの場合も妥当な結果と認められた。

それでは刺し網で漁獲された魚ではどうなっているかを図5に示した。刺

図4　刺し網で漁獲されたシロギス

し網を船に上げた直後に、網からシロギスをはずして採血した結果は、10尾のコルチゾル濃度の平均値で16・9 ng／mlとなり、釣りの漁獲物でコルチゾルが検出できなかった結果と比べてやや高い値になっている。釣りであれば針にかかったものをすぐに船上にあげて採血しているので、釣り上げられたときの影響が血液中にまだ現れていない。しかし、刺し網では水中でシロギスが網にかかって、これを船上にあげるまでに20分を要しており、網にかかって逃げようと暴れている間にコルチゾル濃度が高くなっていることになる。

次に、網からはずした個体のうちで、30尾を採血しないでそっと船上の水槽に入れて3時間後まで様子をみた。新しい海水を加え、酸素を送り込みながらできるだけよい条件でしばらく水槽に置いたにもかかわらず、1時間後、2時間後にそれぞれ取り出して採血した10尾の平均は約65 ng／ml、3時間後で92 ng／mlとなり、時間経過とともにストレスの高まっていることがわかった。ただし、3時間の経過で回復の見られないことについては、船上

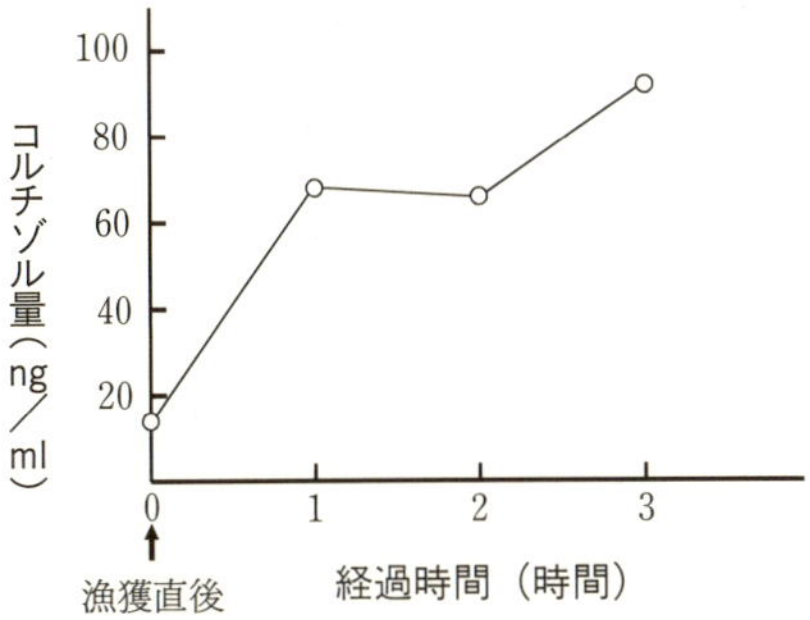

図5　刺し網で漁獲されたシロギスのコルチゾル量

の小さな水槽の中に収容されていたことも原因しているかもしれない。

　刺し網にかかった魚がストレスを受けていることは確認できたが、それでは網からはずして逃がしてやったときに生き残ってくれるかどうかは、もう少し長期の観察で、そして大きな水槽で飼育して観察する必要がある。そこで実験室に持ちかえって3日間の飼育実験を行なった。同じように、実験室に持ち込んだ直後から、半日、1日、2日、3日目に採血してコルチゾル濃度の変化を調べた結果は図6のようになった。ここでは、網目に刺さって漁獲された個体と、網地に包まれて漁獲されたものを比較して、漁獲状態によるストレスの変化を検討した。

　まず刺さって漁獲されたものについては、飼育水槽に移した直後で80 ng／mlという結果で、その後の半日から1日後までに150 ng／mlを越えるピークが現れ、2日目以後に回復し始めてコルチゾル濃度が低くなってきた。これに対して網地に包まれて漁獲されたものでは、水槽に収容した直後でも50 ng／mlと低い結果

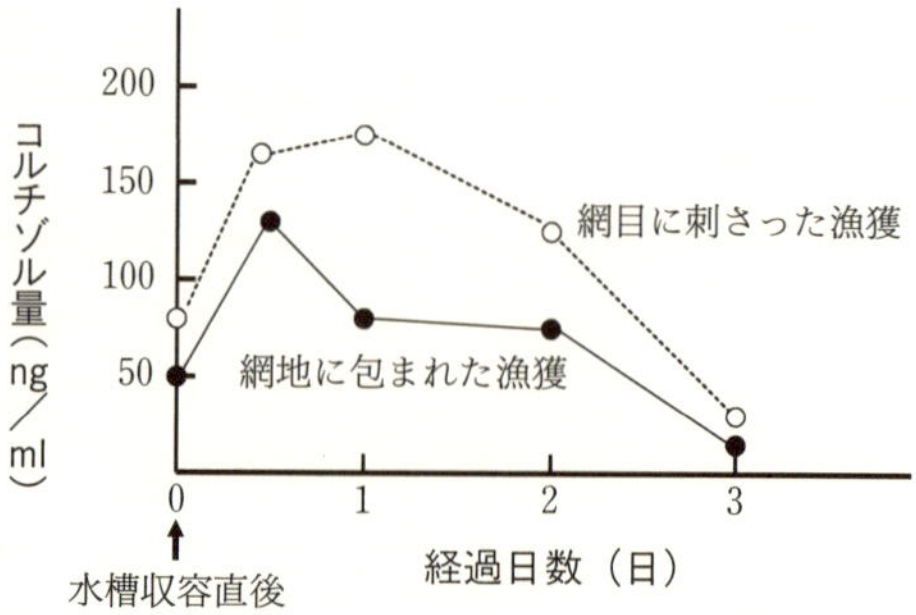

図6　水槽に収容してからのシロギスのコルチゾル量

で、半日後にピークが見られて、1日後には回復し始めていた。3日目には漁獲直後のコントロール値以下になっており、漁獲時に受けた影響から回復していることが分かった。

ここで注意しなければならないのは、漁獲されたシロギスを水槽で飼育している間に死亡する個体の見られたことである。3日間の飼育実験で日にちをおって血液採取をしているのは健康に生き長らえた個体を使っているわけであり、彼らが回復しているのはあたりまえである。そこで別の実験で、同じように漁獲されたシロギスを水槽で飼育して、生き残りの割合を調べた結果、漁獲したばかりの網を上げたときにすでに死亡しているもの、そして水槽に移して半日の間にその時の影響で死んでいく個体の多いことが分かった。その後の経過を見ると、網地に包まれるようにして漁獲されたものでは約半数が生き残るのに対して、網目に刺さって漁獲されたものは、半日後で半数が死亡し、4日目まで生き残った個体は1〜2割というかわいそうな結果であった。

◎網にかかった魚のストレス

刺し網に刺さった魚と、網地に包まれて上がってきた魚でストレスの状態が違っている理由を考えてみよう。刺し網は第Ⅲ章図3（102ページ）に示すように海底から立ちあがるようにして置かれている。網糸は透明のナイロン製で見えにくくなっており、これに魚が気づかずにぶつかって、刺さったり、からまったりしてしまう。

刺さった魚は暴れて逃げようとするので、胴体の細い小型のシロギスはうまく網目を抜けて逃げることができる。胴の太さが網目の大きさにぴったり合ったときに刺さって抜けなくなるのだが、シロギスの身体はやわらかいので少し大きめの魚でも、胴体がくびれるようになって締めつけられた状態で刺さってしまうことになる。この網を船の上に上げるときには網目がしぼられることになり、胴体が網糸で強く締められた状態で海底から水面まで引き上げられることになる。この網を上げているときの状況は、刺さっているシロギスにはかなり大きなダメージを与えるはずで、体表が擦れて傷つき、ウロコがはがれてしまうだけでなく、網糸に締めつけられることで内臓が圧迫されて損傷を受けてしまう。

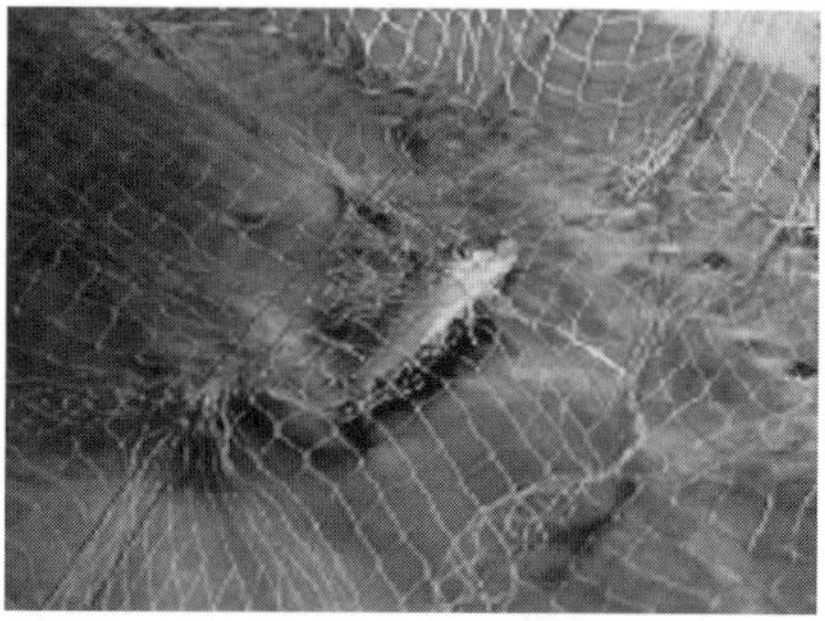

図7　網で包まれて漁獲されたシロギス

これに対して網に包まれて図7のように漁獲されたシロギスでは損傷の程度が低く、網地で作られた袋にくるまれた状態で、網糸による締めつけなしで上がってくる場合が多い。これが網目に刺さって漁獲した個体との大きな違いになっていることがわかった。実験室の水槽に移すまでの取り扱いによるストレスはあるものの、網地に包まれて漁獲されたものでは1日目で回復し始め、3日目には自然にいるときの値にもどっているのは、このような漁獲状態の違いによるものと判定できた。

水槽実験による確認

刺し網で漁獲されたシロギスがストレスを受けており、どのように漁獲されているかでストレスの現われ方や回復傾向に違いのあることは理解できた。しかし、実際にはシロギスが海の中でどのように網にかかり、そして逃げようとするのかは分からないし、特に、網目を抜けて逃げた小型のシロギスのストレスの状況については判定できない。そこで、水槽の中で刺し網にかかる様子を再現して影響を確認してみた。

漁獲したシロギスを水槽で飼育し、十分に回復した個体をそろえて実験を開始した。水槽の中に刺し網を入れて漁獲試験を行なったわけである。小型の個体は網目を抜けて自由になる。これをそっとすくい上げて別の飼育水槽に移してやる。大きな個体では網目に刺さって動けなくなってしまう。この状態で5分間おいておくと、網目からうまく抜け出る個体もあるし、さらに暴れることで網地にからまってしまう個体も出てくる。これらを5分経過後にそれぞれとりだして別水槽に移してやる。

さて実験の結果であるが、今度は1週間と長めの飼育実験で漁獲の条件別に生存状態を確認したところ、網目をするっと抜けて逃げた小型のシロギスはすべて生き残ることができた。これに対していったんは網目に刺さった個体の場合は約半数が死亡してしまった。この水槽実験の結果と、実際の操業での結果を比較することで、海底で網にかかってから船に上がってくるまでの間での影響についてもう一度考えてみよう。

実際の海での実験では10尾のうち1、2尾の割合でしか生き残らなかったのに対して、水槽実験では5尾が生き残ったという結果から、シロギスが受

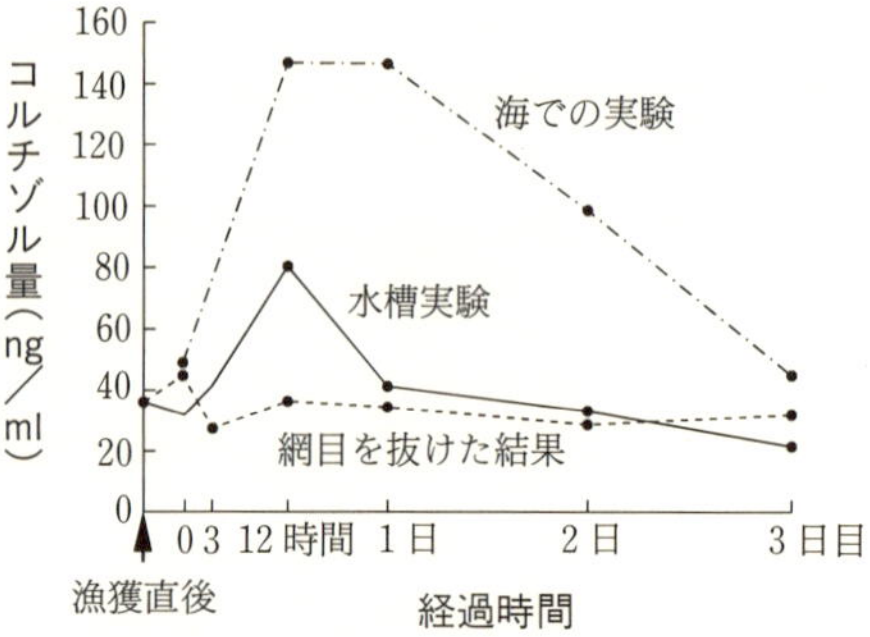

図 8　網目から脱出したシロギスのコルチゾル量

けるダメージの違いは、網を海底から上げるときの網糸による魚体の締め付けであることがあらためて確認できた。水槽実験では網目に刺さった個体も魚体を締め付けるような手荒な操作なしに、そっと別水槽へ移されている。ただし、網目に刺さってからの5分間の間に自分で暴れて網地にからみついてしまった状態の個体もあり、この場合は魚体締め付けの影響も考えなければならない。その点から考えて、水槽実験で半数が生き残ったという結果は妥当なものと考えた。また、水槽実験で網目を抜けて逃げた個体がすべて生き残ってくれたことは、小型個体を守るための方法として網目の大きさを調節することへのよりどころを与えてくれる。

最後に、水槽実験で得た脱出個体と網目に刺さった個体から血液採取してコルチゾルを検討した結果を図8に示した。参考のために海で実際に網目に刺さった個体の結果を比較してみたが、魚体締め付けのない水槽実験の場合は12時間後のコルチゾル濃度のピークも小さい。また海で漁獲したものでは回復に3日間を要していたのに対して、水槽実験では1日後には回復しており、生き残りの割合についての結果と合わせて網を引き上げている間の魚体締め付けがなければ影響の小さいことが確認できた。また水槽実験で網目から逃げた個体については、別水槽に移した直後にややコルチゾル濃度が高くなるものの、その後は全体に低いレベルになっており、ストレス状態は軽微なものと判断できた。

●魚にやさしいとり方とは

漁具から脱出した個体がその後どのようにストレスから回復するのかを、シロギスについての実験結果から検討してきた。現在は人間用に作られたコルチゾル測定キットを使用することでかなり簡便に測定できるようになったが、ストレス測定そのものが魚類については歴史の浅い分野である。血液中のコルチゾル濃度を指標とするにしても、その体内での代謝過程や日周性、魚種による違い、同条件のはずのサンプル間での値のバラツキといった基礎的な面をふくめて分からないことがあまりにも多い。また、コルチゾル濃度と健康状態や魚体損傷度との関係についても完全に把握するには至っていない。特に経時的な死亡への過程や回復過程でのコルチゾル濃度の変化については残念なことにまだ手探りの状態である。現状では、基礎研究を積み重ねて行くことで、漁獲行為によるストレスを測定する方法を模索している段階である。

はじめに説明したように、コルチゾル測定によるストレスの解析はこれまで主に養殖魚が飼育環境や飢餓状況にどのように反応しているかという立場から研究されており、自然界での環境ストレスや、漁獲行為によるストレスという問題そのものが非常に新しい分野ということができる。

シロギスについての実験で、釣りで漁獲した直後のシロギスのコルチゾル濃度はゼロに近く、自然の海でのストレスは検出できない程の低いレベルにあった。同じ場所で刺し網で漁獲した場合には、釣りに比べてかなり大きなストレスを受けていることと、漁獲過程での脱出、脱落や揚網後の放流によって戻された個体についても釣りと刺し網ではその後の回復過程に大きな相違の生じることが推察できた。

この問題については、マダイを使った水槽実験の結果も報告されており、釣り針または網からの解放後の回復や生残性の問題もふくめて、釣りという漁法が「魚にやさしい」取り方であることが分かってきた。近年、釣り漁法において混獲魚や未成魚の放流を資源管理方策の技術として導入する動きがある。小型魚について「来年大きくなって、帰ってこい」という考え方は資源を大事に利用するためにも合理的である。特に、底魚類については釣り針の大きさによる魚体選択が難しいことから、いったん釣り上げたものをその場で海に戻してやることが最も容易な方法論である。釣り上げた小型魚を放流して「どれだけ生き残ってくれるか」という疑問の解決に向けて、次の話題にうつりたい。

VI

釣りのはなし

〈1〉道具とエサの科学

昔も今も釣りは多くの人々に親しまれてきた。人が自然に近づくとき、水辺にたたずみ、せせらぎを楽しむだけではなく、釣りという行為を通せばもっと積極的に自然とのふれあいを感じることができる。魚が寄ってきたときのアタリの感触や、糸が引かれ、竿がしなるときの手応え、そして釣り上げるまでの駆け引き、魚との知恵比べこそが自然との対話であり、釣りの楽しさの原点といってもよいだろう。

もちろん釣った魚のありがたさも忘れてはならない。そもそも遊びのための釣りという以前に、食べるために魚を手に入れる技術としての釣りがはじめにあった。昔話に出てくる釣りの話、漁業と遊びの釣りの違いといった釣りをめぐる話題について、釣られる魚の立場からエサや道具を考え、魚との知恵比べのあれこれを紹介してみたい。

●魚はどうやってエサをとるのか

釣りの技術としてはいろいろな道具を使い、エサを選び、さらに相手にあわせてさまざまな釣り方があみだされてきた。これは対象とする魚種によっ

表1　エサから見た食性の分類

食性	魚の例
藻類食者	アユ，ソウギョ，メジナ，アイゴ
デトリタス食者	ボラ
プランクトン食者	マイワシ，カタクチイワシ
底性生物食者	タイ，ヒラメ，カレイ
魚食者	マグロ，カジキ
雑食者	コイ，キンギョ

てどのようなエサを食べているのか、どのようにしてエサを探しているのかが違っており、それぞれに対応した釣り方が工夫されてきたからである。

大きな魚は小魚を食べて生きている。その行動にあわせて、たとえばマグロを釣るのにサンマやイカを針に刺して一緒に呑み込ませたり、プラスチックで作ったサバの模型に針を付けて船で引っ張って飛びついてくるのを待ったりする。ブラックバスに対しては、小魚に似せたルアーを投げては引き寄せる動作を繰り返して泳いでいるような動きを与え、これに食いついてきたものを釣り上げる。マスやウグイといった渓流魚を蚊針で釣り、プランクトンを食べるアジやサバをサビキで狙う。このように対象魚が食べているエサを使う、あるいは形や動きを似せた道具を使うのは、それぞれの種類が何をどのように食べているかの違いに対応した釣り人たちの工夫の結果である。魚類の食性は一般には植物食、動物食、雑食性に分けられ、これをもう少し細かく分けてみると、エサとなる生物の生態から表1のような分類ができる。

食性はその魚の胃や腸といった消化器官の中の内容物を見て判断できる。たとえば、藻類食者は岩についた苔を食べるアユ、水草を食べているソウギョ、海では藻を食べるメジナやアイゴの仲間がいる。次のデトリタスとは泥の中の有機物のことで、ボラのように泥ごと吸い込んで栄養分だけとりこむ種類がデトリタス食者である。また、小型の浮遊生物であるプランクトンを食べる仲間は特に海の魚には多い。マイワシやカタクチイワシの水槽で泳ぐ様子をみると、大きく口を開けたまま泳ぎ、口の中に水を通している。このときに一緒にプランクトンを呑みこんでいる。底性生物食者のタイやヒラメ、カレイは海底の貝やエビ・カニ、そしてゴカイ等の底性の生物を主に食べるし、海の表層や中層を泳ぐ魚で自分よりも小さな魚類を食べる魚食者は多い。最後の分類は動物性・植物性のどちらでも食べる雑食者で、コイやキンギョといった身近な魚にも例は多い。

もちろん生活している場所に多い生物をエサにするわけで、何を食べているかが分かれば、どんな場所に住んでいるのか、生活の様子を知ることにもなる。たとえば同じコイでもミジンコを食べて育ったものと、ジャガイモをつぶして与えて育てたものでは腸の長さが違ってくるという。もちろん、エ

表2　摂餌方法から見た食性分類

摂餌方法		魚の例
捕食者	ハンター型	ブラックバス，カツオ，マグロ，サメ
	ついばみ・ひろい食い型	タイ，タラ，カレイ，コイ
	待ち伏せ型	ハタ，エソ
草食者		メジナ，ソウギョ
濾過食者		サバ，イワシ
吸引食者		ヤツメウナギ，メクラウナギ

ビしか食べない……などと贅沢を言えないのが自然の世界で、手近に食べられるものがあれば口にするという貪欲さは多くの魚で同じである。

さて、エサとなる生物が違えば、当然ながらエサをとる方法も違ってくる。その分類が表2に示したもので、表1のエサ生物との関係から説明してみよう。

エサを追いかけて捕食するハンター型のブラックバスやカツオ、マグロ、そしてサメなどは、自分よりも小型の魚類を食べて生活している。それを利用して、これらをとるにはルアー釣りや曳縄のようにエサを引っ張って食いつかせる方法を使う。釣りをする側からすれば最も釣りらしいアクションが期待できる。同じ捕食者でもイソメやゴカイを食べるものはついばみ型、ひろい食い型となり、この場合はエサを水底においたり、水中に吊り下げておき、ときどき動かして気づかせて食いつかせる。ハタやエソのような待ち伏せ型の仲間についても同様である。釣りエサの近くに魚を集めて効果を高めるために、魚肉を細かく刻んだり、小エビをコマセとして撒いてから釣り始める方法もある。また、ウグイやマスのような渓流魚で昆虫をエサにしているものについては蚊針《かばり》といわれる擬餌針《ぎじばり》が工夫されている。

　これに対してサバやイワシのようにプランクトンや有機物を吸いこみ、濾過して食べている仲間、そしてメジナやソウギョのように草食者についても釣りの対象となるが、こういった釣り針にかけられないエサの場合は動物性や植物性のエサを代用で使ったり、サビキといわれる擬餌針が使われる。

　このような食性や摂餌方法の分類は、実は「主に」食べている方法をもとに、「一般に」そういう場合が多いということであって、実際の魚は生活している場所でのエサの種類や量によって選択的に食べているのであり、適当なものがなければなんでも食べるという魚は多い。また、成長段階によって食性を変えるものも多い。その意味では、多くの魚が雑食性であり、自然の変化に対する適応性を高めて、生き残りのチャンスを増やしていることになる。

●釣り道具の科学

釣り道具の科学は古事記に見られる海幸彦、山幸彦の物語に始まる。なくしてしまった一本の釣り針が特に大事なものであり、新たに作った五百本、千本の針にも替えられないとして兄弟の間での悲劇が始まる。こんな昔話の時代から、道具へのこだわりが記されているのは興味深い。このこだわりは遊びの世界でも、また職業としての漁業の世界でも共通のもので、釣り針にエサをつけて魚を釣り上げるという基本がシンプルなだけに、わずかな道具の違いが結果に影響することのあらわれとなっている。

それでは、釣りをするために絶対必要な、なくてはならない道具はなんだろう。エサ、釣り針という2つがまず大事そうであり、次にこれらを操作し、調節するための竿、釣り糸、浮き、錘《おもり》となるだろうか。

釣りで使われるエサには大きく分けて実際に食べられるエサと、そうでないものとの2種類がある。食べられるエサには活餌《いきえ》や生餌《なまえ》、あるいは塩漬けや冷凍品、乾燥品等の天然餌料があり、また練り餌や乾燥粉末のように加工したものもある。食べられないエサとなるとさらにさまざまで、蚊針やルアーと呼ばれる擬餌針を始めとして、最近問題になっているゴムやプラスチック製のワームの類がある。形や色、そして手触りまで本物そっくりに作られたものだが、これを飲み込んでうまく逃げのびた魚は消化できないものを腹にかかえることになり、多くの場合は死に至る危険な道具である。漁業の世界では、「生餌にまさる釣り餌なし」と言われ、人工餌料の開発という夢に挑戦した例は多いが、効果の程度と経費の面で天然のエサにまさるものは使われていない。

釣りの6つの道具の中の2番目に大事なものが釣り針である。釣り針がなければ釣りにならないと思うかもしれないが、実際には釣り針を使わない釣りという一見奇妙な方法がある。南太平洋の島でクモの巣を丸めてエサに使い、鋭い歯をもつダツの仲間がこれを口にすると歯にからまってとれなくなる。子どもの遊びで、エサを糸に結んで呑み込ませて釣ったり、スルメを糸に結んでザリガニを釣るのも、釣り針を使わない釣りに分類できる。

エサを使わない釣りというのもある。ギャング針、引っかけ針といわれ、針を魚体にかけてとる方式で、多数の針を魚の通り道にあらかじめ置いておき、あるいは水中を引き回して魚体にからませる。アユの友釣りのように、おとりアユの身体に針を下げておき、これを攻撃するなわばりアユを針にかけるような方法もこれに含まれる。

釣り針もエサも使わない釣りがあるとなると、絶対になくてはならないものは釣り糸ということになるだろうか。たしかに釣り針を操作し、釣り針を回収するためにはなくてはならないもので、このように副次的な道具が絶対に欠かせない条件になるのもおもしろい。

さて、もちろんエサをつけた釣り針を使うのが釣りの主体であることは確かであり、この操作のために釣り糸と釣り竿が使われ、また釣りの深さや動き具合を調節するために浮きと錘が使われる。同時に、魚とのかけひきの際に、釣り餌への吟味接触や試しに引いてみるといった魚側の動きを知るための道具ともなる。その意味では、釣り糸は情報伝達のためのケーブルであり、浮きと釣竿は魚が釣りエサに接触するときのわずかな情報を増幅し、手元に送るための装置になっている。

実際の釣りではこの6種の道具を組み合わせて使うが、竿を使わない手釣りや、浮きを使わない竿釣りもあり、すべてが必要というわけではない。また、道具の使いやすさや、釣り針に動きを与えるために使われる付随的な装置も多く採用され、このそれぞれの性能を吟味し、こだわりの中で選び出すところに釣りのおもしろさがあるのに違いない。

◎漁業で使われる釣道具

遊びの釣りと漁業としての釣りに大きな違いがあるとすれば、漁業者は最も少ない経費で効率よく漁獲をあげ、それによって生計をたてなければならない。これに対して、趣味として釣りをする場合は、魚を釣り上げることを楽しむのが本来の目的であって、そのために時間を作り、道具を工夫することになる。

漁業の釣りは大きく2つのグループに分けられる。手釣り、竿釣り、引縄釣りという3つがはじめにあげられ、遊びの釣りと基本的には同じ方法である。漁業の方が道具としてはシンプルであるが、漁場の選定や釣り道具を扱うための機械には本格的なものが使われる。手釣りとは釣り竿を使わずに直接に糸を持って操作するもので、沿岸の小釣《こづ》りと呼ばれる1人乗りの漁船で行なうものに多い。竿釣りは漁業の世界ではかえって少なく、カツオ一本釣りのような豪快な方式が代表である。引縄はトローリングと同じであり、対象魚の生息水深に釣り針の深さを合わせ、釣り針に動きを与えるための工夫がなされる。これらの3通りの方法は魚が釣り針にかかったときに「合わせ」の動作をすることになり、その意味で遊びの釣りと同じ技術が要求される。

もう一つのグループは、釣り針の数を多くして、しかも漁具を水中に入れたままにして、時間をおいて魚がかかるのを待つ方法で、浮きにつけて吊り下げる立て縄や、水中に長く伸ばす延縄《はえなわ》の2つがある。どちらも長い歴史をかけて技術がすすんできたもので、マグロやタラを狙って大型漁船を使って遠洋でおこなう漁法もある。沿岸の漁業であれば、1人乗りの小型漁船でもできる規模で、夕方にエサをつけた道具を入れ、明け方にこれを回収して漁獲物を取り上げる。この場合は魚が釣り針にかかる瞬間に釣り手がいる必要はない。そのために漁具の構造はもちろん、漁場の選定や操業時刻の決定について、目的とする魚種に応じた知識や工夫が一層必要なことはいうまでもない。

〈2〉釣りと魚の感覚

●エサを見つける

魚がどのようにしてエサの存在に気がつき、近づいてくるのかを考えるためには、魚の感覚器官についての理解が必要であり、特に、においと視覚の2つの誘引効果についてはよく知る必要がある。しかし、水の中の世界はわれわれの知っている陸上とは異なり、視覚の働きにくい環境となっている。そのために釣りエサの遠隔探知についてまずはにおいの働きが重要である。

図1は魚がエサをとるまでの行動の流れである。エサから出るにおいは水中に溶け出して行き、その濃度勾配の広がりのどこかで魚が気づくことが最初の条件となる。ここではにおい物質の広がり具合と魚の嗅覚の感度が関係し、においの種類による誘引効果の違いや、どのようににおいが広がっていくかが大事になる。もちろん魚の側にエサを探す、エサを食べるという動因があるかどうかも大事で、エサを求めて移動している状態ならば、においの分布に出会う可能性は高くなる。においに気づいたところからエサに向かって接近していくことになるわけだが、この能力は魚の種類によって違っており、ウナギやナマズのように夜行性で嗅覚中心の生活をするものではにおい

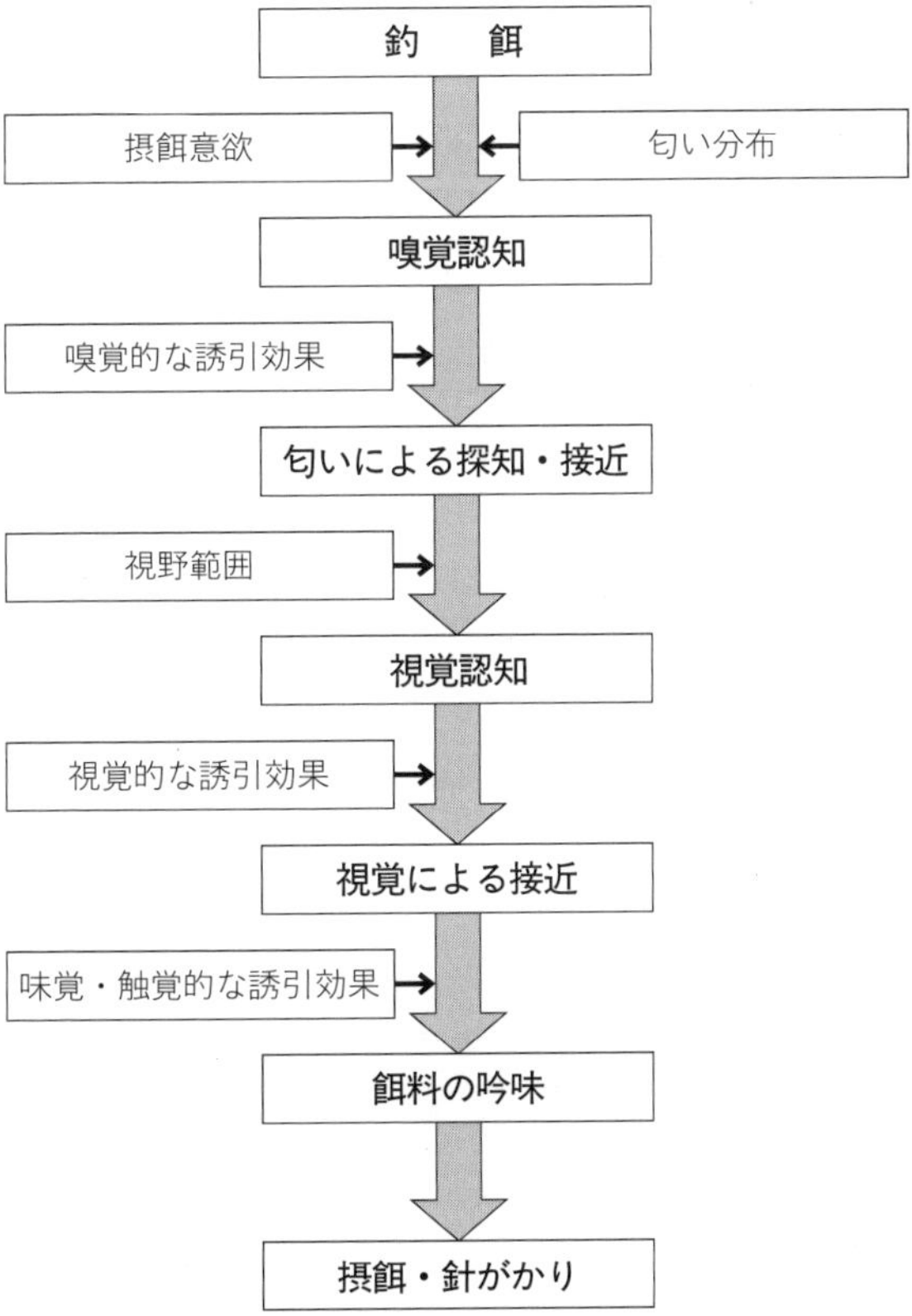

図１　エサをとるまでの行動の流れ

の探知と接近能力も高い。

この次の段階としては視覚によってエサを認めて、その形や色、動きの様子によって食べられるものかどうかを判断する。水中では遠くのものを目で見ることは困難で、数メートルといった近い場所からの視覚判定であり、誘引効果が高ければこの先さらに接近することになる。そのあとは、実際に口にして呑みこむまでの過程であり、味覚や触覚によってエサの吟味が行なわれる。

ブルーギルについて、水槽の中で釣りエサに対する動きを観察すると、かなり遠くから泳ぎながら横目でチラッと見る行動が数回繰り返される。その後、ゆっくりとした泳ぎの中で徐々に近づきながらエサを眺める時間が長くなる。最後にはからだをエサのほうに向けて両眼でしっかりと注目し、異常がないかどうかの確認をする。この段階で反転してしまい、エサから遠ざかる場合もある。

実際にエサを口にするかどうかは、空腹の程度や過去の経験、そして群れでいるときの争ってエサを取ろうとする社会的な促進効果などに影響される。また、コイやブルーギル、そしてタラの仲間ではエサを口にいれてモグ

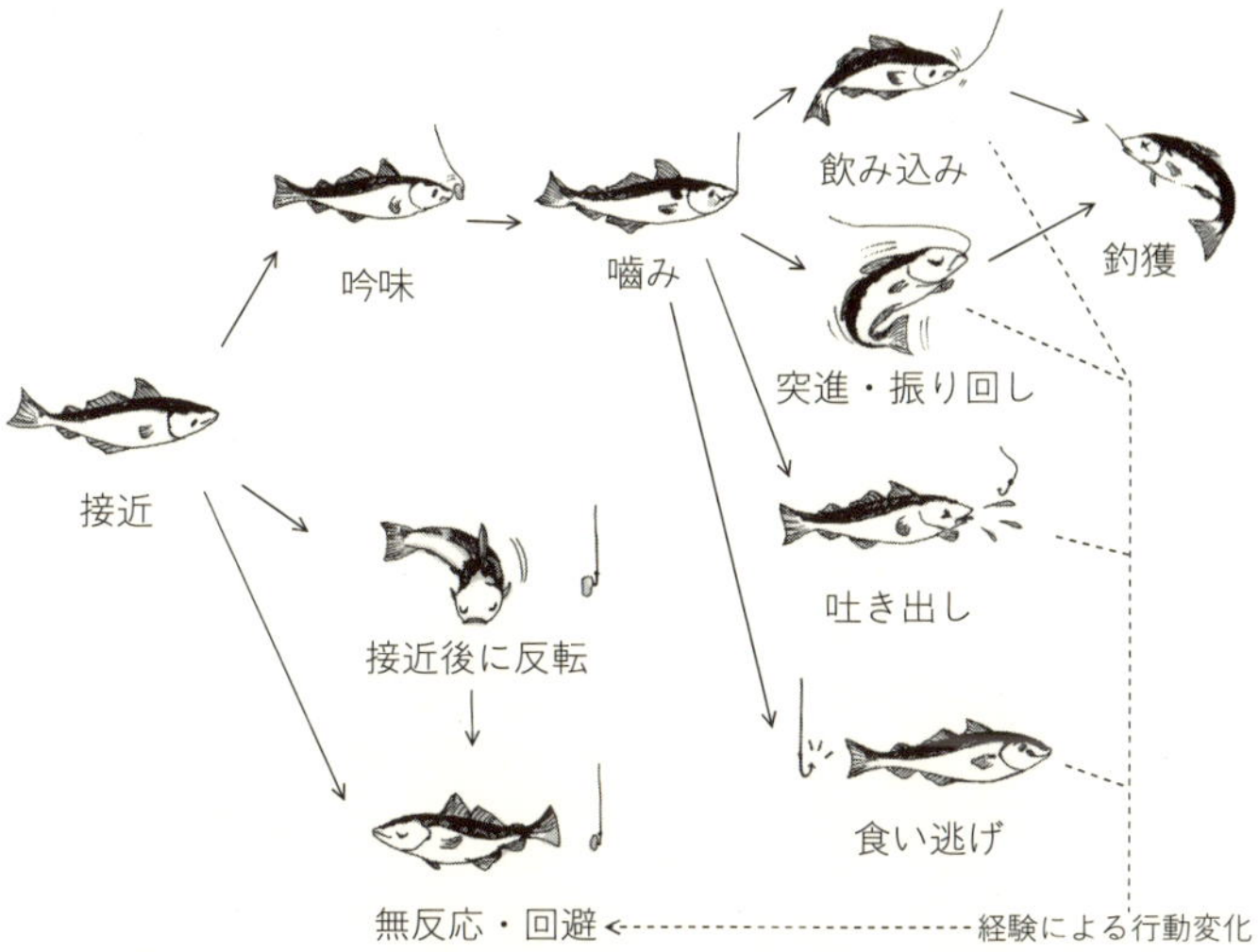

図2　エサに対する魚の行動の流れ

(S. Lokkeborg 他，1989 をもとに作成)

モグするような食べ方をするが、魚食性のブラックバスやウグイのような渓流魚、そしてカツオやブリでは、最後の段階ではエサに飛びついて攻撃する方式であり、瞬間的な動作でエサをとろうとする。

●エサに食いつく

ノルウェーは日本とならぶ漁業先進国であるが、延縄《はえなわ》漁業でタラの仲間を多くとっており、水槽実験や操業現場での水中カメラを使った実験で、エサに対する魚の行動を図2のように詳細に観察、分析している。これによると、魚はまずにおいによる遠隔探知、視覚による近接探知のあとでエサに接近する。次が接触する行動で、すなわち口のまわりでそっとエサに触れたり、エサの一部を口に含んで舌触りを確かめ、吟味する。この段階では、エサを取ろうとする意欲や過去の経験、エサの形状や動き、さらにはまわりにいる仲間の動きで争ってエサをとろうとする行動など、さまざまな要素が関与している。その次の段階として、エサ全部を口に含んで噛んでみたり、口の中でモゴモゴとエサをうごかす動作が続き、ここで異常を感じたときは口からエサを吐き出してしまう。逆に、一気にエサを飲み込んでしまう場合もある。

接触行動の最終段階は口にしたエサをもって逃げようとする行動で、そのときの動きの激しさからいくつかに分けて説明される。たとえば、頭を横に激しく振る動作や引っ張る動作、からだ全体を左右に激しく振る動き、あるいはエサをくわえたまま突進する行動などで、このいろいろな動作によって釣り針が口に刺さり、釣り糸で動きが制限されるためにさらに激しく動くことになる。

また、最終的に釣獲されなかった魚は、経験による行動変化が予測され、次に延縄のエサにであっても、様子を見ただけで反転したり、無反応、回避などの行動をとる可能性が高くなる。

延縄ではエサをつけた釣り針を海に沈めておいて魚がかかるのを待つこと

から、魚が自分からエサを見つけて、針にかかるまでの行動が重要であり、こういった観察結果をもとにエサの種類や釣り針のかたちを工夫して、もっとよい技術を作り出す努力が続けられている。

このような実際の漁業での研究成果は釣りの世界にも役立つもので、エサに魚が接近して針にかかるまでの過程のそれぞれで、どのようにすれば確実に釣り上げられるかを考える根拠になる。釣り人にとってアタリとして認知されるエサを取ろうとする行動の途中でも、エサを吐き出したり、うまくエサだけをとって逃げのびる場合もあるし、針から逃げようとする激しい動きをかわす操作、また釣り上げるための巻き上げ途中で針からはずさないための操作が釣り人の技術となる。

◉トローリングの科学

引縄（トローリング）と呼ばれる漁法がある。網を引くトロール（底引網）とは別物で、スペルも違うのだが、カタカナで書くと分からないし、日本人には発音の差も聞きとれない。２００キロ、３００キロという重さのマグロを竿で釣り上げるトローリングは『老人と海』や『ジョーズ』にみられる大型魚との格闘の世界であり、大型クルーザーで豪華なチェアーにすわって釣る高級感から遊びの釣りの最高峰ともされ、アメリカでは各地で大規模なコンテストが行なわれている。こういった釣り人の組織は日本のマグロ延縄漁船が獲りすぎをしないように操業に制限を加えるほどの権力をもっており、遊びの釣りといって侮れるものではない。

日本各地で行なわれている漁業としての引縄にもマグロの仲間を狙った豪快なものはあるが、沿岸に多いのはもう少し小型のブリやカツオ、シイラといった表層性の回遊魚を対象にしたもので、遊びとしても手軽に楽しめる技術である。

千葉県の館山湾では夏になって外洋の黒潮が入りこんでくると引縄のシーズンになる。1人乗りの小型船で、両脇に竹竿を張り出し、竿先から釣り糸を伸ばして擬餌針を引いて船を走らせる。擬餌針を対象魚の遊泳水深に合わせるために潜航板という道具を使うが、これに水中テレビカメラを取りつけて魚が擬餌針に飛びつく瞬間、そして針から逃げようとして暴れる様子を観察してみた。釣り好きの学生にはたまらない研究テーマであり、卒業論文の希望者も多い。研究室の秋山清二先生が、水中映像技術に堪能の田原陽三先

表3　引縄に対するブリの行動パターンの解析

観察画面内に出現	542	(100％)
追従・接近遊泳	524	(96.7％)
擬餌針に攻撃	62	(11.4％)
擬餌針に接触	30	(5.5％)
針がかり	23	(4.2％)
釣り上げ	11	(2.0％)

生と数年にわたって取り組んできた研究の成果を紹介してみたい。

ブリやゴマサバ、マルソウダを対象にした観察では、水中テレビの画面で数十尾が擬餌針を追いかけるように泳いでくるのが観察できる。水中テレビの画面を安定させるために船は普通の引縄の速度よりもやや遅く2・5ノットに設定し、擬餌針は時速4・6キロで引かれていることになる。そのうちに群れの中の1尾がある瞬間に擬餌針に向かって突進してくる。針に食いつく寸前にわずかに向きを変えて離れていくものもあり、一生懸命に泳ぎながらも、その瞬間の視覚的な判断で危険を回避する能力もありそうである。多くの場合は擬餌針の下方からの攻撃であり、エサを口にしたまま向きを変えずに突進して、針にかかる。観察は7日間にわたり、このときのビデオ記録をもとにブリの行動の様子を表3のように分類し、そのそれぞれの行動が見られた回数をまとめてみた。

水中テレビの画面内に出現した個体のほとんどは擬餌針への追従・接近遊泳を行なっており、エサに気がついているのは確かである。これは視覚による認知であり、擬餌針の形状や色、そして動きにこだわる漁業者の工夫が大事なところだろう。しかし、実際に擬餌針に攻撃をかけた回数は約1割しかなく、ごく接近した段階での瞬間的な判断で回避していることになる。これも視覚によって本物のエサでないことに気づいたのか、それとも釣り針や釣り糸、そして潜航板とテレビカメラに気づいて攻撃をとりやめた可能性もある。また、水中をものが動くときには水が動いて振動音を発するが、こういった視覚以外の感覚によってエサに気づき、そしてエサでないことを判断することも考えられる。

ブリについての結果で、攻撃をかけた魚のうちで半数がエサに触れており、これらの擬餌針に接触した魚のほとんどは針にかかっている。しかし、実際に釣り上げられた魚はその半数でしかなく、釣り落としの多いことも特徴である。これは針にかかったあとの行動によるもので、からだ全体を大きく湾曲させ、頭側を左右に激しく振って釣り針をはずそうとする。同じ映像記録でマルソウダが針にかかったあとの行動を見ると、からだ全体を湾曲させることはなく、頭部の振り動かしもブリに比べておとなしく、針がかりしたもののほとんどが釣り上げられている。

引縄についても、擬餌針の探知から針がかり、そして釣り上げられるまでの各段階で魚種による行動特性の違いがあり、それぞれに対応させた釣り方の工夫が必要なことはもちろんである。しかし、ブリの例では釣り針の近くにいた群れの中のわずか2%しか釣れていないわけで、この難しさこそが引縄のおもしろさになっている。

〈3〉キャッチアンドリリースの科学

昔話の世界で釣りにかかわるものに、浦島太郎が亀を助けて竜宮城へ招かれるというおとぎ話がある。この原典である『御伽草子』にあたると、海岸を歩いていて子どもにいじめられていた亀を助けたのではなく、海で自分が釣り上げてしまった亀を放すという設定になっており、私たちの知っているお話とは違った内容である。

さて、海釣りで亀を釣り上げるというのはやろうと思っても難しいことなのに、浦島太郎のようにねらってもいないのに釣ってしまうこともある。このような現象を「混獲」というが、実際にマグロの延縄漁業で海亀、海鳥、そしてサメを混獲することが問題となり、この混獲防止の技術を開発できないとマグロ漁業が禁止になろうかという困った事態もおきている。

遊びの釣りの世界でも、釣った魚をどうするのかが大きな問題となっており、欧米から導入された釣りのマナーとして川に戻してやるキャッチアンドリリースが流行となった。その次には、外来魚であるブラックバスやブルーギルについて、在来魚の資源を守るために釣り上げて処分する必要があるという議論が巻き起こっている。ここでは、キャッチアンドリリースされた魚

図3　亀を釣り上げる浦島太郎

（『日本古典文学大系38　御伽草子』（岩波書店）p. 337より）

が受けるストレスの問題について研究室で実験的に確認した結果を紹介してみよう。

●魚の心電図

魚のストレスについてストレスホルモン（コルチゾル）を測定して調べる方法を前の章で紹介したが、釣り上げられた魚がどのような影響を受けるのかを調べるために、ここではリアルタイムでの観察を目的として、心電図を測定する方法を試みた。健康診断で心電図を測ってもらった経験のある人は、心臓の近くと手足に吸盤をつけて、吸盤からのばしたケーブルを装置につないで記録したはずである。心電図とは心臓を構成する筋肉が活動するときに生じる電位を測定するもので、心房、心室のそれぞれがきちんと同期して動いているかを確認し、心拍数や活動電位の波形の様子から病気の判断や健康状態の確認が行なわれる。

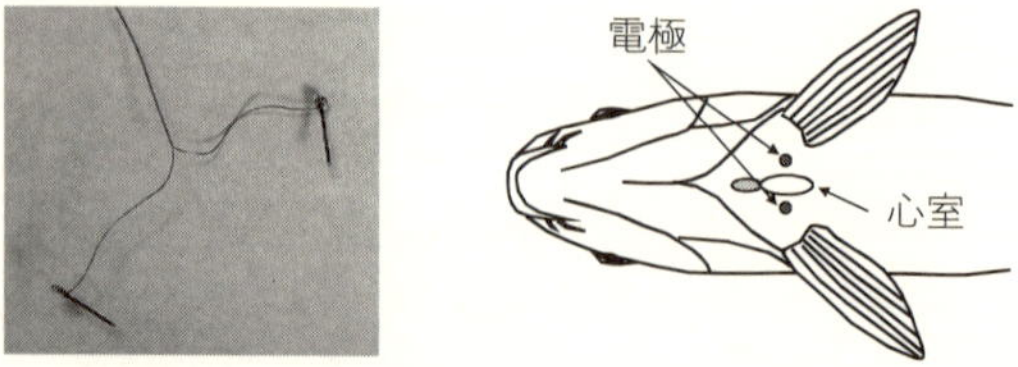

図4　心電図測定のための電極(ステンレス線)とその装着位置

魚の心電図も同じ原理で測定するが、水中にいる状態では体表からの測定が困難であるために、図4のように針型の電極を使って、心臓の位置を左右からはさむ形で2本の針を刺し、ここからケーブルをのばして電位を測定することになる。手術というほどの大げさなものでもないが、麻酔をほどこし、短時間で電極の装着をすませる手際のよさが必要である。

ここからの内容は、大学院の博士課程で魚類の心電図を研究してきた伊東裕子さんの博士論文からの紹介である。実験にはコイを用いて、ケーブルがからまないように注意しながら麻酔からさめるのを待つ。手術を終えて水槽に戻してから十分な時間をとって、心拍数が安定したところから実験を開始して、釣り上げられて受ける影響や、回復するまでの過程を心拍数の変化から調べた。

針にかかった魚

実験結果の例を図5で示した。横軸が経過時間、縦軸が1分ごとの心拍数であり、始めの10分間は静かにしているときの状態で、毎分30回程度のゆっくりとした心拍数で安定している。次に、針にかかったときの実験を行な

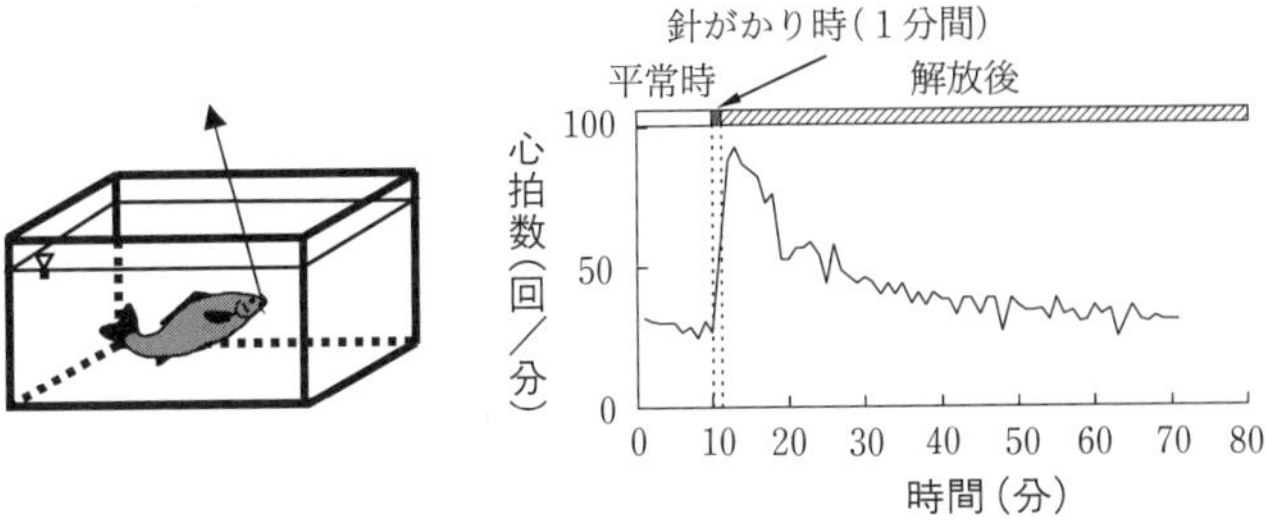

図5　針にかかった魚の心拍数

う。口に釣り針が刺さった状態で釣り糸を引いてコイが逃げようとするのを強く引っ張る操作を1分間行なう。この釣られた状態のときから心拍数は急激に増加し、心臓がドキドキし始めていることが分かる。このあとすぐに釣り針をはずしてやり、心拍数の変化を続けて観察すると、釣り針から解放してもまだ心拍数が増加して90回程度の激しい心臓の鼓動の状態になり、その後、徐々に心拍数が減少して1時間を過ぎる頃には実験前の安静時の状態に戻ってくれる。

人間の心臓は2心房2心室であるのに対して、魚の場合は1心房1心室と構造が単純になっているが、血液を循環させるポンプとしての役割は同じである。しかも、血液が戻ってくる心房の前と、血液を送り出す心室の先にそれぞれ別の球状のふくらみが予備室としてあり、結果としては私たちと同じく4つの部屋を通って血液が全身を回るように動かしていることになる。心房のところにはペースメーカーの働きをする組織があり、これが心房と心室の収縮のペースを決定し、心拍数が調整されるしくみになっている。このペースメーカーによる心拍のリズムは外からの刺激によって変化し、たとえば温度が低くなると心拍数は少なくなり、温度が上昇すると増加する。特に環境の温度によって体温が変化する魚類の場合は、水温条件で心拍数が大きく変化することになる。また、魚種によって、あるいは身体の大きさによって心拍数が違うことも知られており、小型の個体ほど心拍数は高く、成長すると低くなる。この現象は人間や他の動物でも同じ傾向であり、時間感覚の違いにつながるのではないかと考えられている。

このように本来もっている心臓の拍動のペースを抑制するのが副交感神経（迷走神経）であり、逆に促進するのが交感神経で、環境から受ける刺激によってどちらが強く働くかが決定され、心拍数が上がったり、下がったりすることになる。釣り針にかかった魚が受ける強い刺激によって、交感神経が強く働くか、あるいは副交感神経による抑制作用が弱まることで心拍数が増加したわけであり、刺激の強さが心拍数の増加傾向に関係すると考えられている。私たちが運動したときに心拍数が多くなる現象についても魚についても同じしくみが確認されている。

釣り針にかかった魚の受ける刺激は、針のかかり具合や、釣り糸による引きの強さ、逃げようとする動きに対する束縛、そしてどれだけ長く暴れていたかといった状況で変化するだろう。そこで、釣り針にかかっている時間を、5分間、10分間と長くして心拍数の変化を調べてみたが、心拍数の増加する傾向には大きな違いは見られなかった。ただし、1分間の針がかり時間の場合には針をはずしてから以後に心拍数がさらに増加する傾向にあるが、これは針がかりの影響が1分間ではまだ現れていないためであり、数分後にピークが見られ、その後に回復し始める。これに対して、針がかりの時間が長くなると、その間に心拍数が最大に達し、針から解放した直後に回復し始めている。

ここで、心臓の機能として心拍数の最大値といったものがあるはずで、その能力を超えるほどの増加はありえないために、針がかり時間の長さによる違いがみられなかったものと理解できる。それでは、何をもって針がかりで受けるストレスの強さを測れるかというと、回復するまでの時間の長さが使えそうである。針からはずした後の1時間以内で心拍数が実験前の安静時の状態に戻る個体数の割合は、針がかりが1分であれば60パーセントであるのに対して、5分、10分の場合には40パーセント以下になり、長い時間の針がかりが大きな影響を与えることが分かる。ただし、針にかかった状態でもさほど大暴れせずに、うまく釣り糸のうごく範囲内でおとなしく順応してしまう場合もあり、このような個体では針がかり中から心拍数が回復し始めるような例も見られた。

水から出た魚

さて釣り上げられたあとに魚のうける刺激は、水から空気中に出されるという大きな環境の変化である。ここでは、釣り針をはずして水に戻すというキャッチアンドリリースの行為が魚にどのような影響を与えるかを考えたい。そこで、コイを水切りのできるアクリルケースの中にいれて安静時の心拍数を測定しておき、そのあとに、水槽からケースごと取り上げてコイを空中にさらし、1分、5分、10分の空中での心拍数を測定し、最後に水槽に戻してから1時間の測定を継続して回復過程を観察した。その結果が図6である。

水槽から取り出して空気にさらされている状態では心拍数が少なくなる。水中であっても酸素濃度の低い状態では抑制作用が働いて心拍数の減少することが知られており、おなじしくみで代謝レベルを低くして、酸素の少ない

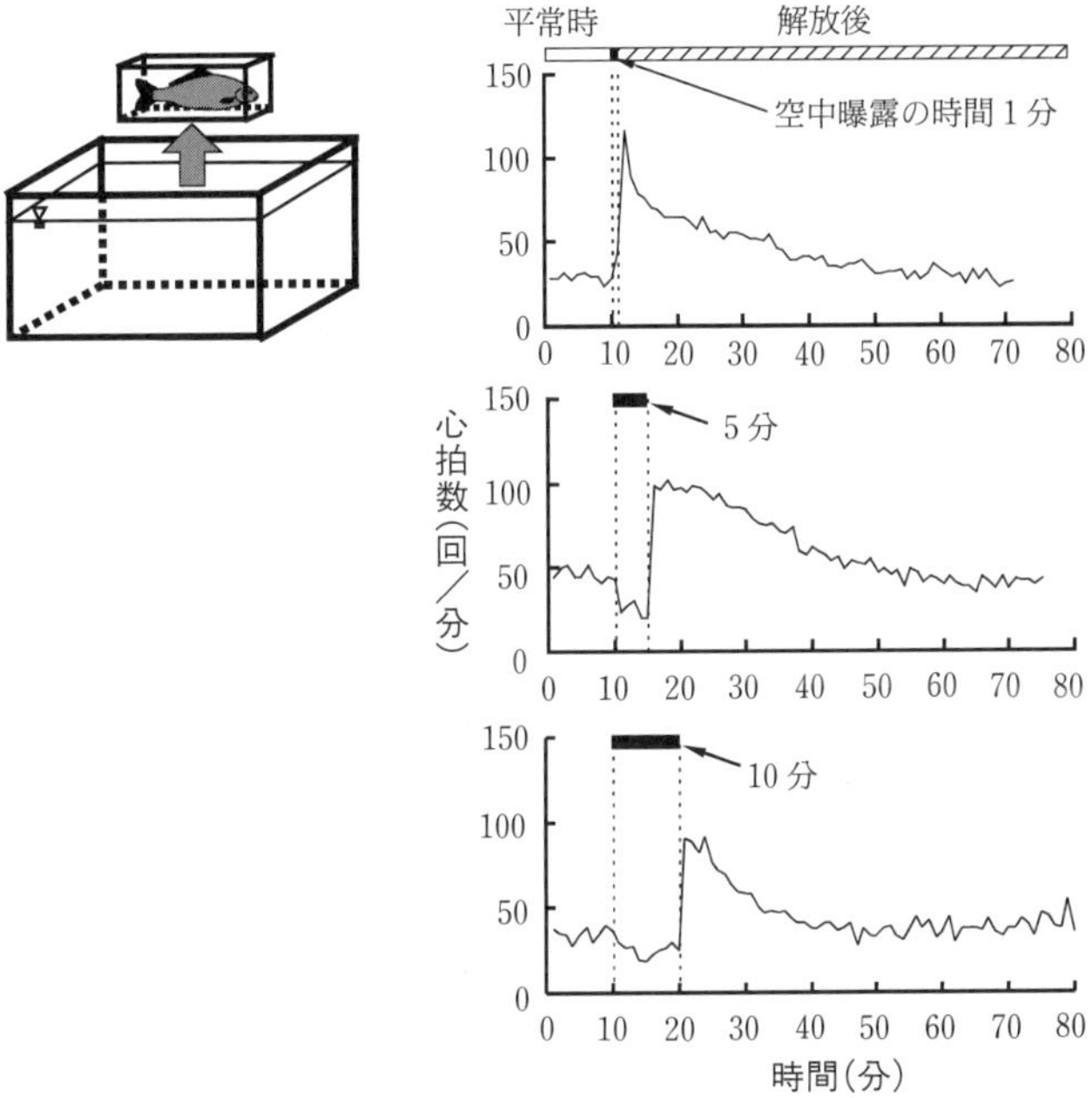

図6　空中にさらされた魚の心拍数

状態に対応するものと説明されている。まな板の上のコイという状態で、ときどきケースの中で暴れることはあっても、暴れ続ける様子は見られず、これは他の魚種とは大きな違いである。

最後に、空中に出した実験のあとにアクリルケースを水に戻してやると、その直後に急激に心拍数が増加し、釣り針にかかったときと同じように1分間に１００回程度の心拍数のピークがみられ、その後、ゆっくりと心拍数が減少し始めて回復過程にはいる。ここでも回復に要する時間が実験条件によって異なり、空中1分の条件では45分以内にすべてが安静時の心拍数に戻るが、5分、10分と長く空中にさらした場合には60分間が経過しても回復しない場合が多かった。

◎釣られた魚の逃がし方

釣られた魚が受けるストレスの大きさについて、針がかりと空中にさらされた場合の2つを紹介してきたが、キャッチアンドリリースについて考えると、実際には釣り上げてから水に戻すまでの一連の動作として影響を与えることになる。そこで、伊東さんの研究成果を踏まえて、今度は当時4年生だった本間正人さんが卒業論文で2つの刺激を連続した組み合わせとして心拍数の測定を行なった。

はじめに10分間の安静時の心拍数を記録するところまでは同じで、次に針がかりを5分間、そのまま水槽から取り出して0分、1分、5分、10分、20分間をそれぞれ測定し、最後に釣り針をはずして水に戻してから2時間の測定を行なった。釣り針をかけて5分後に水中で針からはずした場合が、空中で0分の条件になる。この実験では、実験魚を最初からアクリルケースに入れていたために、針がかりの状態ではケースに頭がぶつかるように釣り糸を

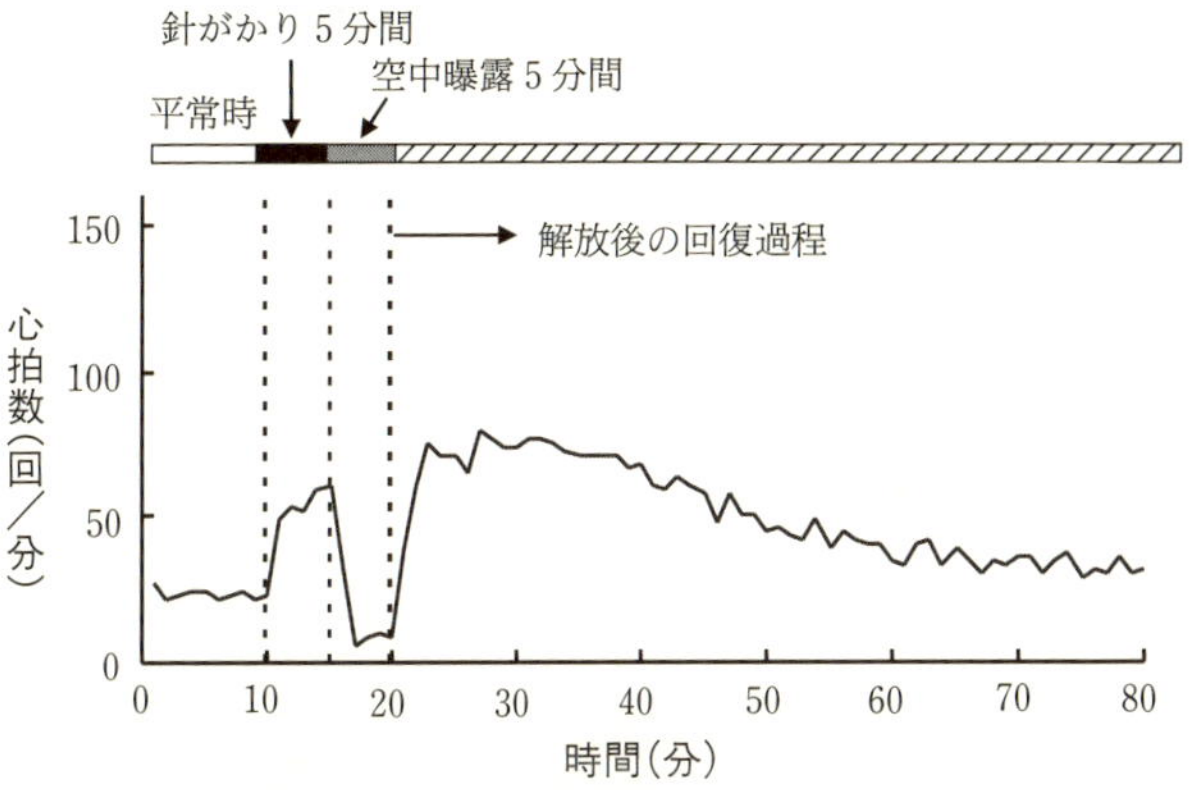

図７　「キャッチアンドリリース」された魚の心拍数

引く動作になる。

実験の結果は図7で、針がかりの状態で心拍数が増加し、これを空気中に取り出すと低下する。針がかりと空中に出されていた間に連続して強い刺激をうけていたわけで、これが解放された段階で一気に心拍数が増加し、そのあと徐々に回復し始めるという予想どおりの結果であった。しかし、空中での時間を20分と長くとった条件では、解放後の心拍数が増加し、ピークに至るまで時間がかかるようになり、その後の回復にも2時間以上を要することが分かった。

このような水槽の中での実験で得られた結果が、実際の釣りの現場にどのように応用できるかはまだ議論の余地がある。水槽で飼っている魚は人間の動きや、エサをもらうことに慣れてしまっていることの影響がまず考えられる。また、心電図測定のための手術の影響や、身体に電極をつけたままで、アクリルケースに収容された条件も気になるところである。しかし、釣り上げられ、空中にさらされるという操作は実験魚にとって過大な刺激となっているはずで、心拍数の増減の変化からも実験条件の違いに対応した反応が確認できたものと判断している。

そこで、キャッチアンドリリースで釣った魚を逃がす場合のベストの方法を考えると、まずは針にかけてから釣り上げるまでに手間取らないことであり、そして手元に取り上げてから戻すまでの操作をすばやく行なうことになるだろう。あたりまえの結論だが、釣り針をはずすときの扱いや、水に戻してやるときのちょっとした努力が大事で、特に空中にさらす時間を短くすることで影響を最小限にすることが可能になることは確かだろう。魚との知恵比べを楽しもうとする釣り人が、釣った魚のその後の運命まで考えることで自然とのふれあいをもっと楽しんでもらえたら、これほどうれしいことはない。

◎漁業の混獲問題とその解決

はじめに浦島太郎の昔話をあげ、オリジナルストーリーでは、太郎が自分で海亀を釣り上げていたことを紹介した。このような混獲が、資源を無駄にしているとして問題となってきている。

マグロ延縄漁業では海亀のほかにも、サメと海鳥の混獲が大きな話題となっており、この解決のために研究が進められている。目的とするマグロやカジキだけを選択的に漁獲するための漁具の改良が考えられ、また針にかかってしまったものについては、どのように逃がしてやるかを考える必要がある。技術的な解決ができない場合にはその海域での漁業を禁止するべきだと主張する国もあり、環境や生態系との調和を考えた魚の取り方を急いで見つけ出さなければならない。漁業者にとっても、狙ってもいない亀や鳥が釣り針にかかってくるのは迷惑なだけであり、そのために操業を禁止されてしまうのではたまらない。

海鳥については日本がいくつかの方法を提案してきた。マグロ延縄漁業では、エサをかけた多数の釣り針を幹縄に等間隔で結び、これをマグロの泳いでいる水深まで沈めて、針にかかるのを待つ方法がとられる。海鳥は漁船から釣り針を投入しているときにエサを求めて集まってくるのだが、エサに食いつけば釣り針にかかってしまい、漁具が水中に沈むために水中の深いところまで引きずりこまれてしまい、溺れて死んでしまう。そこで、釣り針に近づかないようにおどかしてみようというわけで、大きな音を出したり、強い光をあてたり、あるいはホースで水をまいたりしてみた。この方法は始めのうちは効果があり、漁船から逃げてくれるのだが、しばらくすると慣れてしまう。そこで、実体のあるもので驚かす必要があると考え、船の後に竿（ポール）を立て、そこからロープを吹流しのようにしてのばして、これの動きで海鳥を追い払う方法を工夫した。この効果は認められて、「トリポール」という名前で使われている。このほかにも、夜になれば海鳥の集まりが少ないことから、漁具を水中に入れる時刻をきめようという提案もあった。

次の提案として漁具の改良が試みられている。海鳥は水中に飛び込んで魚をとるのだが、それほど深くまで潜れるわけではなく、せいぜい水深10メートルまでが潜れる限界だといわれている。そこで、エサつきの釣り針を速く10メートルの深さまで沈ませることができれば海鳥がかかることも少なくなる。このために、釣り糸の材料や錘を工夫して、少しでも早く沈んで海鳥が潜れない水深に届くようにする。また、エサをつけた釣り針を漁船から海にいれるときに、水面に投げるのではなく、最初から水中に入れてしまえば海鳥にはエサがとれなくなる。そのために長い筒を用意して先端を水中にいれ、その先から釣り針が沈んでいくように新しい装置を開発することも研究されている。

海亀についても同じように研究が進められ、この場合は海亀が泳いでいる水深を調べ、別の深さに釣り針を沈める工夫や、生きたまま釣り上げられた場合にどのように針をはずしてやれば傷つかずに生き残ってくれるかを考えている。

マグロ延縄の場合に海亀や海鳥のかかってしまう割合は、漁獲対象としているマグロやカジキに比べるとわずかなものであり、本当にたまたま漁獲されてしまうことが問題にされている。その解決のために絶対にかからない方法を確立するのは至難の技であり、現状ではいくつかの技術を組み合わせて少しでもかからないようにする努力が続けられている段階である。

釣り上げてしまった海亀を逃がしてあげることで竜宮城へ招かれたのは昔話のよき時代の話であり、今は釣らないための工夫をすることが漁業を続けるために必要になってきている。その中で、なぜ針にかかってしまうのか、どのようにして針にかかるのかを考えることが手がかりの第一歩になるだろう。

海亀や海鳥ほど深刻ではないものの、小さな魚を釣り上げてしまった場合には、せっかくだからもって帰ろうか、海にもどしてやろうかという選択肢がある。持ち帰ってから捨ててしまえば資源を無駄にしてしまうことになるが、傷つけずに海に返してやれば1年もたてば大きく育ってりっぱな親になり、次の資源を産んでくれる。釣りの世界も漁業の世界も、海や川の生態系から人間が必要なものだけを分けてもらうという考えが基本であり、資源を持続的に利用していくための大事な決まりを作り、守らなければならない。魚を釣るための技術、釣らないための技術につながるものが、魚の感覚の世界を理解し、経験によって魚が獲得するさまざまな学習行動、そして泳ぎ方やストレスについての研究を通じた知識の積み重ねであることはまちがいない。

あとがき

オーストラリアで手に入れた一冊のジョーク集が手元にある。タスマニアという小さな島の小さな大学に滞在していたときに、ジョーク好きの大男たちに対抗しようとのまじめな向学心から読み始めた。しかし、前書きを読んで愕然とさせられた。「魚がなぜ群れで泳ぐかなんて考えたことがありますか。なぞなぞや冗談ではないんですよ。」という文章に始まり、群れ行動の研究に取り組む科学者について、おもしろおかしく説明されていた。内容としては十分に科学的なもので、本書の第Ⅰ章で紹介した群れ行動の意義やしくみをきちんと紹介しているのだが、それにしても、実際に研究していることちらにとっては突然に笑い話に引きずり出されたかっこうであり、「そうか、一般の人々には、魚の群れ行動の研究なんて冗談の対象なんだ。」と実感させられた次第である。

魚の行動のおもしろさを伝えたい。大学で講義を受け、大学院で研究の手ほどきを受けたときの新鮮な感動と、その後の研究を通じての経験を伝えたい。自分が学生に講義をするようになって、黒板やスライドだけでは伝わらないものを本にまとめたいという気持ちはますます強くなっていた。本書の執筆にとりかかったときの本心である。

おもしろさに触れる手がかりは冗談やトリヴィアであってもかまわない。しかし、その雑学的知識のなかから、「魚はなぜ、どうして…」の疑問を感じ、また自然のいとなみの偉大さと生き物たちの不思議を感じてもらえれば本書の目的は十分に果たせたものと信じている。そしてもう一歩踏み込んで、魚の行動に関する学問が、魚を獲って利用するという漁業の技術を作り上げる基礎になっていることを理解してもらえればもっとうれしい。自然との共生という21世紀の人類の課題に対して、海の資源を上手に使うための研究というやりがいのある世界への鍵を手にしてもらえればと希望している。

魚の群れ行動に始まり、感覚の生理学、遊泳行動、学習行動、そしてストレスの問題や釣りの話題をとりあげた本書の各章は、これまでの研究生活の折々を振り返る思い出の旅でもあった。群れ行動のしくみについての第Ⅰ章は卒業論文、修士論文で扱ったテーマであり、特に思い出深い。魚類の行動研究の手ほどきをしていただいた恩師、井上実先生と水槽をながめながら実験を続け、議論をしてきた日々を思い出す。研究を進める上での「魚はどうして…」という切り口も、井上先生から頂戴したテーマであった。そのなかから行動生理学への研究に踏み込み、また、漁業研究のなかで対象生物の行動を理解することの大事さを確認しながら一歩一歩あゆんできた。筋肉の生理学、視覚の生理学、そして心電図やストレスといった一つ一つのテーマが新しい研究分野への挑戦であり、大きな山を乗り越えるために実験を積み重ねる毎日の努力があった。研究室で一緒に実験を担当してくれた学生、院生の協力があってこその本書であり、また研究活動をささえてきてくれた先輩同僚各位に対し、ただただ深謝するばかりである。

本書を書き始めるきっかけとなったのは月刊『言語』のエッセイへの原稿依頼であった。パソコンに残っていた第一稿は次のように終わっている。「卒業論文の思い出に始まる文章を書いていて、魚の動きを追いかけていただけで楽しかったころを思い出す。この経験を通じて魚の行動の不思議を感じ、行動を観察し、比較し、解釈することのおもしろさを学んだからこそ、水産学を研究する今の自分があることにあらためて感謝したい。」

この気持ちは今もまったく変わっていない。ここから始まり、ドルフィンブックスの一冊としての出版刊行まで、長すぎた準備期間を辛抱強くお付き合いいただいた大修館書店編集部の本橋祈さんに心よりお礼申し上げます。

平成一九年二月

有元貴文

本書で紹介した研究の一覧

●第I章

魚の群れ形成における視覚運動反応の役割（井上　実・有元貴文）『東京水産大学研究報告』六二(二)：六七‐八一、一九七六。

バラタナゴおよびアブラハヤの群れ構造の光学的測定とその解析（井上　実・長谷川英一・有元貴文）『日仏海洋学会誌』一七(二)：九一‐一〇三、一九七九。

●第II章

飼育下におけるスケトウダラの繁殖行動に伴う鳴音（朴　容石・桜井泰憲・向井徹・飯田浩二・佐野典達）『日本水産学会誌』六〇(四)：四六七‐四七二、一九九四。

Developmental changes in the visual acuity of red sea bream（塩原　泰・秋山清二・有元貴文）*Fisheries Science*, 64 (4) : 553-557, 1996.

マダイの視軸に関する行動実験（塩原　泰・有元貴文）『日本水産学会誌』六五(四)：七二八‐七三一、一九九九。

マダイ視力の照度による変化と網膜順応状態（塩原　泰・有元貴文）『日本水産学会誌』六九(四)：六三二‐六三六、二〇〇三。

●第III章

魚を集める技術――過去・現在・未来（有元貴文）『アクアネット』二(六)：二二‐

二七、一九九九。
魚の学習能力――条件反射・試行錯誤・慣れ・模倣・刷り込み（有元貴文）『アクアネット』四(三)：二二-二九、二〇〇一。

●第Ⅳ章

マアジの遊泳速度の測定（徐　剛・有元貴文・井上　実）『日本水産学会誌』五四(九)：一四九三-一四九七、一九八八。
Red and white muscle activity of the jack mackerel during swimming（徐　剛・有元貴文・井上　実）『日本水産学会誌』五九(五)：七四五-七五一、一九九三。
The muscle twitch and the maximum swimming speed of giant bluefin tuna (C. S. Wardle・J. J. Videler・有元貴文・J. M. Franco・P. He), *Journal of Fish Biology*, 35 : 129-137, 1989.

●第Ⅴ章

The use of plasma cortisol kits for measuring the stress response in fish due to handling and capture（F. Chopin・有元貴文・岡本信明・角田篤弘）『東京水産大学研究報告』八二(一)：七九-九〇、一九九五。
漕ぎ刺網で漁獲されたシロギスの血中コルチゾル濃度を指標としたストレス測定（角田篤弘・A. Purbayanto・秋山清二・有元貴文）『日本水産学会誌』六五(三)：四五七-四六三、一九九九。
Survival of Japanese whiting and by-catch species captured by a sweeping trammel net（A. Purbayanto・角田篤弘・秋山清二・有元貴文・東海　正）

Fisheries Science, 66 (1) : 21-29, 2001.

●第Ⅵ章

Responses of cod and haddock to baited hooks in the natural environment (S. Lokkeborg・A. Bjordal・A. Ferno) *Canadian Journal of Fisheries and Aquatic Sciences*, 46 : 1478-1483, 1989.

引縄漁具に対する魚の行動の水中観察（秋山清二・安田浩二・有元貴文・田原陽三）『日本水産学会誌』六一（五）：七一三-七一六、一九九五。

漁獲過程における魚類の刺激-反応系に関する行動生理学的研究（伊東裕子）東京水産大学二〇〇三年博士学位論文。

釣獲過程における空中曝露時間の影響に関する研究（本間正人）東京水産大学二〇〇三年卒業論文。

参考文献

●動物行動学に関する図書

『動物の行動』（ニコ・ティンバーゲン、丘　直通訳）タイムライフ、一九七二。

『攻撃――悪の自然誌』（コンラート・ローレンツ、日高敏隆訳）みすず書房、一九七三。

『生物の泳法』（東　昭）講談社ブルーバックス、一九八〇。

『行動の生物学』（山岸　宏）講談社サイエンティフィック、一九八八。

『動物の本能』（桑原万寿太郎）岩波新書、一九八九。

『ソロモンの指環』（コンラート・ローレンツ、日高敏隆訳）早川文庫、一九九八。

『生き物をめぐる4つの「なぜ」』（長谷川真理子）集英社新書、二〇〇二。

●魚類の行動と漁業に関する図書

『魚の行動と漁法』（井上　実）恒星社厚生閣、一九七八。

『魚群——その行動』（井上　実）海洋出版、一九八一。

『魚はどのように群れを作るのか』（B・L・パートリッジ、今福道夫訳）日経サイエンス社、一九八四。

『漁具と魚の行動』（井上　実）恒星社厚生閣、一九八五。

Behaviour of Teleost Fishes, 2nd ed. (T. J. Pitcher) Champan & Hall, 1993.

『釣りから学ぶ——自然と人の関係』（東京水産大学第19回公開講座、池田彌生編）成山堂書店、一九九五。

『魚の行動生理学と漁法』（有元貴文・難波憲二編）恒星社厚生閣、一九九六。

『水産海洋ハンドブック』（竹内俊郎他編）生物研究社、二〇〇四。

Marine Fish Behaviour in Capture and Abundance Estimation (A. Ferno・S. Olsen) Fishing News Books, 2004.

『魚との知恵比べ——魚の感覚と行動の科学』2訂版（川村軍蔵）成山堂書店、二〇〇五。

●最後にもう一冊

The Penguin Book of Australian Jokes (P. Adams・P. Newell) Penguin Books, 1994.

[著者略歴]
有元貴文（ありもと　たかふみ）
1951年東京生まれ。東京水産大学大学院修士課程漁業学専攻修了。農学博士。現在、東京海洋大学海洋科学部生物資源学講座教授。
専門は漁業への応用を目指した魚類行動学、行動生理学。主な著書に、『魚の行動生理学と漁法』（編著、恒星社厚生閣）、『漁業の混獲問題』（共著、恒星社厚生閣）、『スルメイカの世界―資源・漁業・利用』（編著、成山堂書店）、『水産海洋ハンドブック』（編著、生物研究社）などがある。

〈ドルフィン・ブックス〉
魚《さかな》はなぜ群《む》れで泳《およ》ぐか

NDC460/v,232p/19cm

初版第1刷――2007年3月10日

著者――有元貴文《ありもとたかふみ》
発行者――鈴木一行
発行所――株式会社大修館書店
〒101-8466 東京都千代田区神田錦町3-24
電話 03-3295-6231(販売部)03-3294-2357(編集部)
振替 00190-7-40504
[出版情報] http://www.taishukan.co.jp

装丁者――小島トシノブ（NONdesign）
本文イラスト――有元貴文，久保田絵美
印刷所――壮光舎印刷
製本所――関山製本社

ISBN978-4-469-21309-6　　Printed in Japan